DLR Deutsches Zentrum
für Luft- und Raumfahrt e.V.
in der Helmholtz-Gemeinschaft

Warum nimmt der Mond zu und ab?

Mit 80 Fragen durch das Weltall

Mit Beiträgen von

Manfred Gaida
Christian Gritzner
Hermann-Michael Hahn
Josef Hoell
Henning Krause

KOSMOS

Allen gewidmet,
die mehr verstehen wollen

Inhalt

Vorwort

Hätten Sie es gewusst? In welcher Konstellation müssen Sonne, Erde und Mond stehen, damit es zu einer Sonnenfinsternis kommen kann? Wahrscheinlich schon. Aber wie ist das bei einer Mondfinsternis? Erfahrungsgemäß fällt es den meisten Menschen schwer, diese Frage auf Anhieb zu beantworten. Aber wenn man sich dann mit einer Taschenlampe (Sonne) und zwei Bällen (Erde, Mond) in einen dunklen Raum begibt, wird die Antwort bald klar. Dabei kann man auch gleich ergründen, was während einer Mondfinsternis eigentlich auf dem Mond passiert.

Diese und viele weitere Fragen zur Astronomie und unserem Universum beantworten wir in diesem Buch. Die Sammlung beruht auf einer Online-Aktion, die das Deutsche Zentrum für Luft- und Raumfahrt (DLR) 2009 anlässlich des Internationalen Jahres der Astronomie durchgeführt hat. Damals beantworteten wir jede Woche eine astronomische Frage. Der Zuspruch der Leser war sehr positiv und so finden Sie nun diese und viele weitere Themen in diesem Buch.

Das Internationale Jahr der Astronomie hat uns das enorme öffentliche Interesse an der Astronomie und der Raumfahrt sehr deutlich vor Augen geführt und ich freue mich darüber sehr. 950.000 Besucher kamen beispielsweise in unsere Ausstellung „Sternstunden – Wunder des Sonnensystems" im Gasometer Oberhausen. Sie wurde zur erfolgreichsten Ausstellung des Kulturhauptstadtjahres RUHR.2010. Die „Sternstunden" haben gezeigt, wie die Raumfahrt mit ihren wissenschaftlichen Ergebnissen und ihrer ALL-gegenwärtigen Faszination auch kulturelle Großereignisse sichtlich bereichern kann. Fast eine Million Besucher sind Beweis für die Stellung und Anerkennung der Raumfahrt in der Gesellschaft.

Wir als DLR tragen die Ergebnisse unserer Forschung gerne in die Öffentlichkeit. Und so finden Sie auch in diesem Buch zahlreiche Belege für den wissenschaftlichen und kulturellen Nutzen der Grundlagenforschung und der Raumfahrt. Alle Fragen beantwortet natürlich auch dieses Buch nicht – zum Beispiel die Frage, warum es nicht nur auf der dem Mond zugewandten, sondern auch auf der von ihm abgewandten Erdseite einen Flutberg gibt, so dass wir im Laufe eines Tages je zweimal Flut und nachfolgend Ebbe erleben. Aber vielleicht können Sie das ja selbst herausfinden – bleiben Sie neugierig!

Köln, im Mai 2011
Prof. Dr.-Ing. Johann-Dietrich Wörner
Vorstandsvorsitzender des Deutschen Zentrums für Luft- und Raumfahrt (DLR)

1 › Warum nimmt der Mond zu und ab?

Der regelmäßige Wechsel im Erscheinungsbild des Mondes dürfte schon den Menschen der Vorzeit aufgefallen sein. Schließlich ist der Mond das einzige Himmelsobjekt, das eine so deutlich erkennbare Veränderung zeigt, und das bereits innerhalb weniger Tage: Zwischen der völligen Unsichtbarkeit zur Neumondphase und dem Vollmond vergehen gerade einmal gut zwei Wochen.

Warum aber nimmt der Mond regelmäßig zu und dann wieder ab? Wenn man das Aussehen des Mondes mit seinen ebenfalls wechselnden Sichtbarkeitsbedingungen in Verbindung bringt, kommt man der Antwort auf diese oft gestellte Frage schnell näher.

Der Vollmond beispielsweise geht etwa bei Sonnenuntergang im Osten auf, steht um Mitternacht hoch am Südhimmel und verschwindet bei Sonnenaufgang wieder am Westhorizont – er steht offenbar der Sonne am Himmel gegenüber. Eine gute Woche vorher, bei „zunehmendem Halbmond", steht der Mond abends bei Sonnenuntergang im Süden. Der Mond befindet sich dann also links von der Sonne – oder die Sonne rechts vom Mond. In dieser Stellung oder „Phase" sehen wir die rechte Hälfte des Mondes hell. Entsprechend ist er eine Woche nach der Vollmondstellung als abnehmender Halbmond morgens bei Sonnenaufgang im Süden zu finden. Dann steht der Mond rechts von der Sonne (oder die Sonne links vom Mond), und wir sehen die linke Seite des Mondes hell.

Eine Sache des Blickwinkels

Aus dieser bewussten Verknüpfung von Beleuchtungs- und Sichtbarkeitsbedingungen wird deutlich, dass die relativen Positionen von Sonne und Mond eine wesentliche Rolle für das Zu- und Abnehmen des Mondes spielen: Steht die Sonne rechts vom Mond, erscheint seine rechte Seite hell, steht sie links vom Mond, ist die linke Mondseite hell; und stehen Sonne und Mond am Himmel einander gegenüber, dann erscheint der ganze Mond hell.

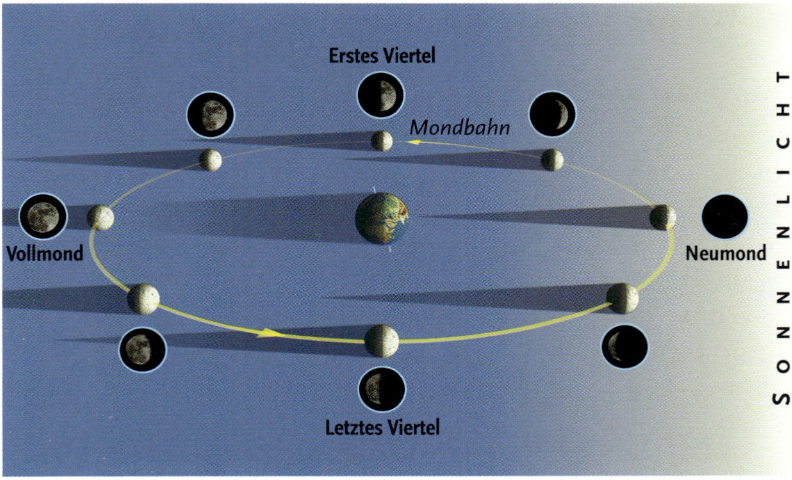

Das stetig wechselnde Aussehen des Mondes ergibt sich aus der konstant einseitigen Beleuchtung durch die Sonne und der Bewegung des Mondes um die Erde, die zu einem stetig wechselnden Blickwinkel des Betrachters führt. Weil die Erde gleichzeitig auch selber – gemeinsam mit dem Mond – um die Sonne wandert, dauert ein gesamter Phasenwechsel von einem Neumond zum nächsten (synodischer Monat) gut zwei Tage länger als ein Umlauf des Mondes um die Erde (siderischer Monat).

Das brachte vermutlich nicht erst griechische Himmelsbeobachter der Antike zu der Einsicht, dass der Mond kein eigenes Licht produziert, sondern – wie die Erde auch – von der Sonne beleuchtet wird. Die helle Seite des Mondes ist seine Tagseite, die dunkle entsprechend die Nachtseite. Von der irdischen Nachtseite blicken wir auf die – beleuchtete und deshalb helle – Tagseite des Mondes. In gleicher Weise schauen wir von unserer Abendseite auf die Morgenseite des Mondes, also dorthin, wo entlang der Dunkel-Hell-Grenze die Sonne gerade aufgeht. Und von unserer Morgenseite geht der Blick auf die Abendseite des Mondes, wo entlang der Hell-Dunkel-Grenze die Sonne wieder untergeht.

Der Mond nimmt also regelmäßig zu und ab, weil er um die Erde wandert und wir entsprechend aus wechselnden Blickwinkeln auf seine von der Sonne beleuchtete Tagseite blicken.

2 › Wozu dient die Astronomie?

Astronomie ist eine der ältesten Wissenschaften. Sie untersucht vornehmlich die materiellen und energetischen Eigenschaften der selbst leuchtenden (Sonne, Sterne) und nicht selbst leuchtenden Himmelskörper (Planeten, Monde, Staub und so weiter). Die Astronomie erforscht die Welt der Galaxien und versucht, Entstehung, Aufbau und Entwicklung des Universums als Ganzes zu erklären.

Dabei hat sie von jeher auch eine praktische, nützliche Seite: Schon im alten Ägypten wurden die mit bloßem Auge sichtbaren Himmelskörper systematisch beobachtet. Anhand der Regelmäßigkeiten ihrer Bewegungen war es möglich, Jahreszeiten kalendarisch festzulegen und

Der Holzstich von Camille Flammarion aus dem Jahr 1888 zeigt einen Menschen, der am Rande der Welt staunend den Kopf durch das Himmelsgewölbe steckt und die Ursachen hinter den vordergründigen Erscheinungen erblickt.

Sternwarten mit öffentlichen Führungen bieten die Gelegenheit, das Weltall mit eigenen Augen zu entdecken.

die Felder rechtzeitig zu bestellen, bevor der Nil über die Ufer trat. Könige, Priester und Steuereintreiber aller Zeiten waren auf einen verlässlichen Kalender angewiesen, der sich stets am Lauf von Sonne und Mond orientierte. Seefahrer lernten, anhand der Positionen von Himmelskörpern zu navigieren. Derlei Beobachtungen halfen dann auch, die Form und Bewegung der Erde herzuleiten.

Mit spielerischer Freude die Welt verstehen lernen

Heute ist Astronomie weltweit für zahlreiche Menschen ein vielseitiges, anregendes Hobby. Ob es darum geht, einfache physikalische Zusammenhänge im Universum zu begreifen, mit einem selbstgebauten Fernrohr Sterne zu beobachten oder mittels der Einsteinschen Relativitätstheorie fantastische Ideen aus einem Science-Fiction-Roman zu überprüfen – Beschäftigung mit Astronomie heißt, den Alltag hinter sich zu lassen, den eigenen Horizont zu erweitern und die Bedingungen der menschlichen Existenz auszuloten. Wer Lust hat, das Universum, in dem er lebt, besser kennenzulernen, findet zum Beispiel im jährlich erscheinenden „Kosmos Himmelsjahr“ oder auf der Website des „German Astronomical Directory“ astronomische Vereine, Sternwarten, Planetarien und Forschungseinrichtungen.

3 › Wann ist wieder Ostern?

Der Heilige Abend ist jedes Jahr am 24. Dezember. Aber wann ist eigentlich Ostern? Mal findet es noch im Monat März statt, bisweilen aber auch erst einen guten Monat später, spätestens am 25. April. Verantwortlich für den „beweglichen“ Ostertermin sind die Phasen des Mondes, der astronomische Frühlingsbeginn und Papst Gregor XIII.

Im frühen Christentum feierten verschiedene Gemeinden das Osterfest an unterschiedlichen Sonntagen. Deshalb wurde im Jahr 325 auf dem Konzil von Nicäa für den Ostersonntag festgelegt, dass „alle Brüder und Schwestern“ das Osterfest einheitlich am ersten Sonntag nach dem ersten Vollmond nach dem Frühlingsanfang feiern sollten. Das war dann frühestens der 22. März.

Zehn Tage ausgelassen

Aber endgültig war diese Lösung nicht, denn das Jahr war im damals geltenden Julianischen Kalender um elf Minuten und 14 Sekunden gegenüber dem Sonnenjahr (also der Zeit, die die Erde für einen Umlauf um die Sonne tatsächlich braucht) zu lang. Zu Lebzeiten von Papst Gregor XIII. betrug die Abweichung vom Sonnenlauf bereits zehn Tage, so dass es bei der Bestimmung des Ostertermins zu Ungenauigkeiten kam. Das war für den Papst im Jahr 1582 ein wesentlicher Anlass, mit Hilfe seiner Berater den Kalender grundlegend zu reformieren.

Damit der Frühlingsanfang (der Termin der Tagundnachtgleiche), wie auf dem Konzil von Nicäa festgelegt, wieder auf den 21. März fiel, ließ Papst Gregor XIII. im Jahr 1582 die angesammelten zehn Tage überspringen. In einigen römisch-katholischen Ländern folgte auf Donnerstag, den 4. Oktober 1582, gleich Freitag, der 15. Oktober 1582. Der nach ihm benannte Gregorianische Kalender löste im Laufe der Jahrhunderte die meisten anderen Kalenderformen ab und gilt heute weltweit.

Die Bestimmung des Osterdatums blieb allerdings recht knifflig, da sich der Gregorianische Kalender zum einen am Sonnenjahr mit rund 365 Tagen orientiert, zum anderen Ostern über den (Voll-)Mond defi-

Nach dem der aller Heiligist in Gott Vatter vnd Herr/Herr GREGORIVS der dreyzehend diß Namens/der Heiligen Römischen Kirchen/vnd gemainer Christenheit Oberster Bischoff/rc. auß sondern hochnotwendigen treffenlichen vrsachen/vnd auff der Römischen Kay: May: vnd anderer der fürnemisten Christenlichen Potentaten vnd Stende embsig anhalten/die mercklichen mengel vnd errores, so in dem gemainen Calendario, auß lenge der zeit/eingerissen/mit grossem fleiß/mühe vnd vncosten/calculiern/corrigiern/vnd damit fortan widerumb bestendige/richtige/vnd gerechte Calendaria gemacht werden mügen/In künfftigem Monat Octobris, zehen Täg/Nemlich vom 4. biß auff den 15. bemelts Monats/exclusiuè, diß 82. Jars außgelassen.

Demnach haben von Gottes genaden Wir Wilhelm Pfaltzgraue bey Rhein/Hertzog inn Obern vnnd Nidern Bayrn/rc. Vnsern Landen/desselben Inwohnern/Vnderthanen/vnd angehörigen/zur nachrichtung vnd guetem/die corrigierten vnd gebesserten mengel/vnnd wie sich sonst die Festa vnd feyertäg/rc. die drey Monat Octobris, Nouembris, vnd Decembris, gegenwertigen Jars/endern/in dises fragmentum zutrucken/vnd zu publiciern/genedigklich beuolhen/Darnach wiß sich jeder menigklich/vnd sonderlich die Geistlichen mit jrem Gebet/vnd Horis Canonicis, nach der 35. regul/die obbemelten drey Monat/zurichten.

Octtober, Weinmon.	Nouember, Wintermon.	December, Christmon.
1 a Remigius Wider 12 (Mond) 10. n.	1 d Alle Heilig Stein. 13	1 f Eligius Wass. 18 tag 8 stund
2 b Leodogari Wid. 27 (Kreuz)	2 e All Seeler. Stein. 26 trüb. wind	2 g Bibiana Visch 2
3 c Simplicius Stier 12 wind	3 f Hubertus Wass. 9 (Zeichen)	3 a Sola Visch 16 ☽ 2. 3f. v.
4 d Franciscus Stier 27 reiffen	4 g Clarus Wass. 23 ☽ 1. 15. v.	4 b Barbara Wider 0
15 a Aurelia Zwilli. 11 kalt/wind	5 a Malachius Visch 6 wind	¶ Es werden zeichen geschehen/Luce 21.
16 b Gallus Zwill. 26	6 b Leonhard Visch 21 (Zeichen) wind	5 C. II. Aduent. Wider 15 (Zeichen)
¶ Christus macht ein Bethrisen gesund/ Matthei am 9. Capittel.	¶ Vom König der rechnē wolt/Math. 18.	6 d Nicolaus Wid 29 feucht
	7 C. XX. Wider 6	7 e Agathon Stier 14 trüb [illegible]
	8 d 4. krönten Wid 21	8 f Mar. empf. Stier 29
	9 e Theobald Stier 5 tag 9. stund	9 g Joachim Zwill. 13 (Mond) 7. 30. n.
	10 f Mart. Bapst Stier 20 (Mond) 7. 2. v.	10 a Eulalia Zwill. 28

Der Gregorianische Kalender löste im Laufe der Jahrhunderte die meisten anderen Kalenderformen ab und rückte den Ostertermin in Bezug auf die Jahreszeiten dauerhaft zurecht.

niert ist. Daher lassen die versierten Kalenderreformer im Verborgenen einen Mondkalender mit durchs Jahr laufen. Mit anderen Worten, unser Kalender ist ein sogenannter Lunisolarkalender, weil er sowohl auf dem Sonnen- als auch auf dem Mondlauf fußt. Der Mathematiker und Astronom Carl Friedrich Gauß hat im Jahr 1800 eine einfache Formel zur Berechnung des Ostertermins aufgestellt, die in jüngster Zeit der Mathematiker Dr. Heiner Lichtenberg in eine modifizierte, leicht in ein Computerprogramm übertragbare Form gebracht hat, nachzulesen bei der Physikalisch-Technischen Bundesanstalt in Braunschweig.

Aber letztlich gilt auch, was Johannes Kepler in Anspielung auf eine allzu genaue mathematische Betrachtung des Festdatums ausgerufen haben soll: „Ostern ist ein Feiertag und kein Planet."

4 › Wie schnell ist die Erde?

Um diese Frage zu beantworten, muss man sich erst über das sogenannte Bezugssystem im Klaren sein. Bezogen auf die Welle, auf der ein Surfer reitet, bewegt er sich praktisch nicht; aber vom Ufer aus betrachtet rast er nur so dahin. Als absolutes Bezugssystem für Geschwindigkeiten im Weltall bietet sich die kosmische Hintergrundstrahlung an, die gleichmäßig aus allen Richtungen mit einer Temperatur von etwa –270 Grad Celsius gemessen wird. Eine Bewegung in eine bestimmte Richtung kann über eine sehr geringe Veränderung dieser Temperatur in dieser Richtung nachgewiesen werden.

Außerdem muss bedacht werden, dass sich die Bewegung der Erde aus unterschiedlichen Bewegungen zusammensetzt: neben ihrer Drehung um sich selbst läuft sie um die Sonne, bewegt sich als Teil des Sonnensystems innerhalb der Milchstraße und wandert als Teil der Milchstraße durchs Universum.

Die Drehung der Erde um sich selbst, die Erdrotation, verleiht einem Punkt am Äquator eine Geschwindigkeit von etwa 1670 Kilometern pro Stunde, das sind 464 Meter pro Sekunde. Zu den Polen hin nimmt diese Geschwindigkeit ab, weshalb auch die meisten „Weltraumbahnhöfe“ in Äquatornähe liegen. Auf ihrer Bahn um die Sonne hat die Erde bereits eine Geschwindigkeit von fast 30 Kilometern pro Sekunde.

Die Summe vieler Geschwindigkeiten

Noch schneller wird es, wenn man unsere Galaxie, die Milchstraße, betrachtet. Die Sonne ist etwa 25.000 Lichtjahre (1 Lichtjahr = circa 9,5 Billionen Kilometer) vom Zentrum der Milchstraße entfernt und braucht für einen Umlauf rund 240 Millionen Jahre. Dabei haben die Sonne und die Erde, die sich als Teil des Sonnensystems mit ihr bewegen, eine Geschwindigkeit von circa 220 Kilometern pro Sekunde.

Betrachtet man noch größere Längenskalen, wird die Bewegung komplexer: unsere Milchstraße bewegt sich in und mit der „Lokalen Gruppe“ von Galaxien in unserer Nachbarschaft. Diese bewegt sich

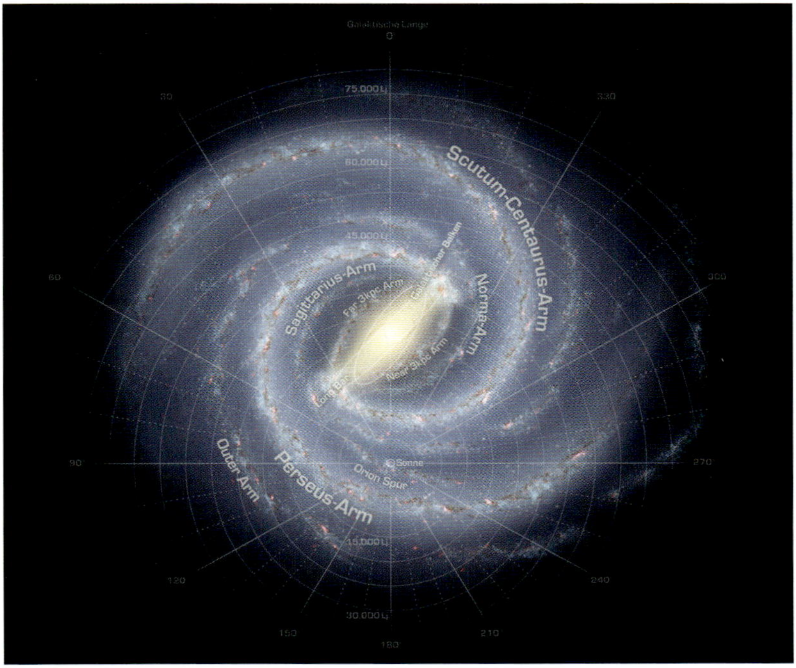

Künstlerische Darstellung der Milchstraße mit ihren spiralförmigen Armen. Die Darstellung der Milchstraße beruht auf Aufnahmen des Spitzer-Weltraumteleskops. Sie zeigt unsere Sonne im „Orion Spur" genannten Seitenarm, unterhalb des hellen Zentrums der Galaxie. Die Abkürzung „Lj" gibt die Entfernung in Lichtjahren an; ein Lichtjahr entspricht etwa 9,5 Billionen Kilometer. Das ist die Entfernung, die ein Lichtstrahl in einem Jahr zurücklegt.

relativ zum Zentrum des Virgo-Galaxiensuperhaufens, möglicherweise beeinflusst von einer weiteren Massenkonzentration, dem „Großen Attraktor". Die verschiedenen Geschwindigkeiten lassen sich auch nicht einfach addieren, da sie in unterschiedliche Richtungen zeigen und sich dadurch teilweise aufheben. Die Summe der verschiedenen Geschwindigkeitskomponenten unseres Sonnensystems lässt sich aber aus den Messungen an der kosmischen Hintergrundstrahlung bestimmen: Sie beträgt etwa 370 Kilometer pro Sekunde.

5 › Warum ist es bei uns im Winter kalt und im Sommer warm?

Tatsächlich kommt die Erde jedes Jahr Anfang Januar der Sonne am nächsten, wenn bei uns auf der Nordhalbkugel Winter ist. Im Jahr 2011 geschah es am 3. Januar um 20 Uhr Mitteleuropäischer Zeit – zwischen Erde und Sonne lagen „nur noch" rund 147 Millionen Kilometer (im Bild rechts). Den sonnenfernsten Punkt durchläuft die Erde auf ihrer Bahn um die Sonne Anfang Juli (links im Bild). Dann beträgt der Abstand etwa 152 Millionen Kilometer und in unseren Breiten ist Hochsommer. Die jahreszeitlichen Temperaturunterschiede haben folglich gar nichts mit der Entfernung der Erde zur Sonne zu tun.

Die Neigung der Erdachse bewirkt die Jahreszeiten

Ursache der Jahreszeiten ist die schiefe Stellung der Erdachse: Die durch Nord- und Südpol verlaufende Erdachse steht nämlich nicht senkrecht auf der Erdumlaufbahn, sondern weicht, sehr langsam variierend, um 23,5 Grad vom rechten Winkel ab. Deshalb ist, während die Erde im Laufe eines Jahres um die Sonne wandert, mal die Nordhalbkugel und mal die Südhalbkugel in Richtung Sonne gekippt.

Am 20./21. Juni (Sommersonnenwende, im Bild links) ist die Nordhalbkugel der Erde der Sonne maximal zugeneigt. Die Sonnenstrahlen fallen steiler auf die nördlichen Regionen der Erde und heizen sie auf – bei uns ist Sommer. Zur gleichen Zeit ist auf der Südhalbkugel Winter, weil die Sonnenstrahlen dort flacher einfallen und sich die Wärmeeinstrahlung auf eine größere Fläche verteilt. Am 21./22. Dezember (Wintersonnenwende, rechts im Bild) ist es genau umgekehrt – bei uns herrscht dann Winter und auf der Südhalbkugel entsprechend Sommer.

Genauer betrachtet haben die Bewohner der Nordhalbkugel derzeit einen kleinen Vorteil: Da die Erde zwischen Frühlings- und Herbstanfang die Sonne langsamer umläuft als zwischen Herbst- und Frühlingsanfang, dauern bei uns Frühjahr und Sommer jeweils rund vier Tage länger als Herbst und Winter.

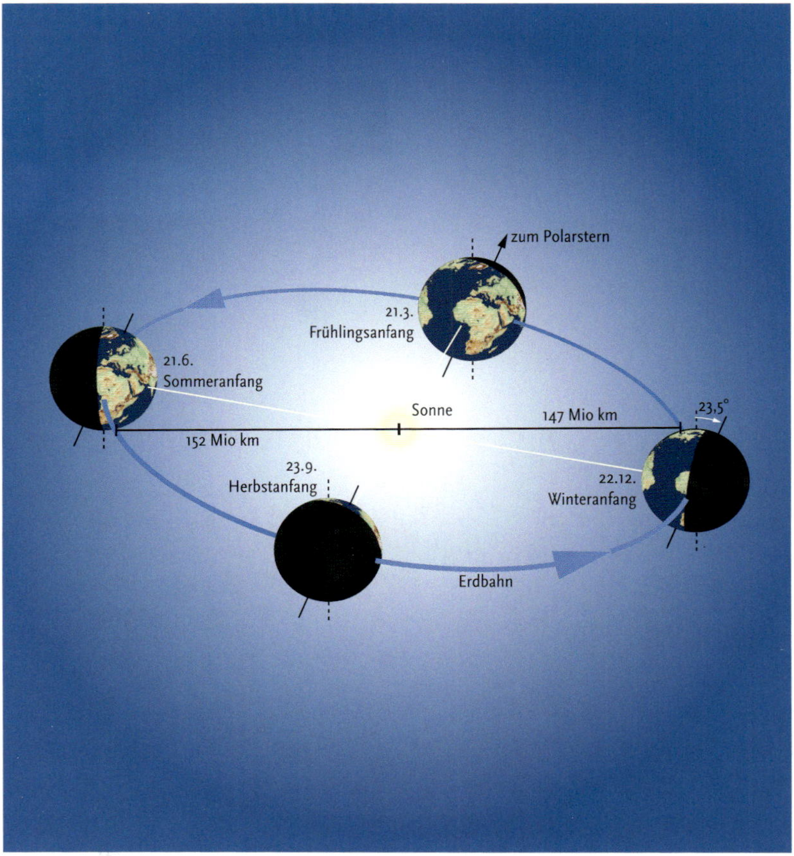

Die Grafik zeigt schematisch wichtige Stellen der Erdumlaufbahn: Den sonnennächsten und den sonnenfernsten Punkt (Endpunkte der schwarzen Strecke); die Sommersonnenwende am 20./21. Juni (links) und die Wintersonnenwende am 21./22. Dezember (rechts).

Zwischen den beiden Sonnenwenden, wenn entweder die nördliche oder die südliche Erdhalbkugel der Sonne maximal zugeneigt ist, liegen der astronomische Herbstanfang (am 22./23. September, unten im Bild) und der Frühlingsanfang (am 20./21. März, im Bild oben). Der vierte Bahnabschnitt oben rechts entspricht also dem Winter auf der Nordhalbkugel, der Frühling verläuft oben links. Unten links folgt der Sommer und unten rechts der Herbst auf der Nordhalbkugel. Die Grafik ist nicht maßstabsgetreu.

6 › Wieso hat die Woche eigentlich sieben Tage?

Obwohl sie mit fünf, sechs oder gar elf Tagen genauso vorstellbar wäre, besteht die Woche in den meisten Kulturen aus sieben Tagen. Das liegt daran, dass im Altertum sieben bewegliche Himmelskörper bekannt waren: Sonne, Mond, Mars, Merkur, Jupiter, Venus und Saturn. Diese Himmelskörper sind mit bloßem Auge sichtbar und schon die Menschen des Altertums beobachteten, wie sie sich am Himmel bewegten. Daher stammt auch die Bezeichnung Planet – sie kommt aus dem Griechischen und bedeutet soviel wie „Wanderer".

Die Namen unserer Wochentage stammen aus verschiedenen Kulturen und beziehen sich meist auf einen der sieben Himmelskörper oder den entsprechenden Planetengott, der über diesen Tag wacht.

Die Namen der Wochentage leiten sich von Sonne, Mond und den Planetengöttern ab

Sonntag und Montag sind ganz einfach der Tag der Sonne und der Tag des Mondes. Beim Dienstag lässt nur noch die englische Bezeichnung „Tuesday" auf den Planeten schließen: Der römische Kriegsgott Mars hieß bei den Germanen Tiu. Aus dem Tag des Tius beziehungsweise Tius-Tag wurde „Tuesday" – der Dienstag.

Auch der deutsche Mittwoch hat etwas mit den Planeten zu tun. Im Italienischen heißt er „Mercoledì", worin noch der Planet Merkur zu erkennen ist. Über den Donnerstag wacht Donar, der germanische Gott des Donners, der in diesem Fall für den Planetengott Jupiter steht.

Der Planet Venus findet sich wieder in „Venerdì", italienisch für Freitag. Im Deutschen wurde der Freitag nach der germanischen Göttin Freya benannt. Samstag beziehungsweise Sonnabend hat sich aus dem jüdischen Feiertag Sabbat entwickelt; nur der englische „Saturday" lässt noch auf den Saturn schließen. Nach der christlichen Tradition beginnt die Woche mit dem Sonntag, was der Mittwoch als Mitte der Woche unterstreicht. Seit 1976 ist der Wochenbeginn für das bürgerliche Leben auf den Montag festgelegt.

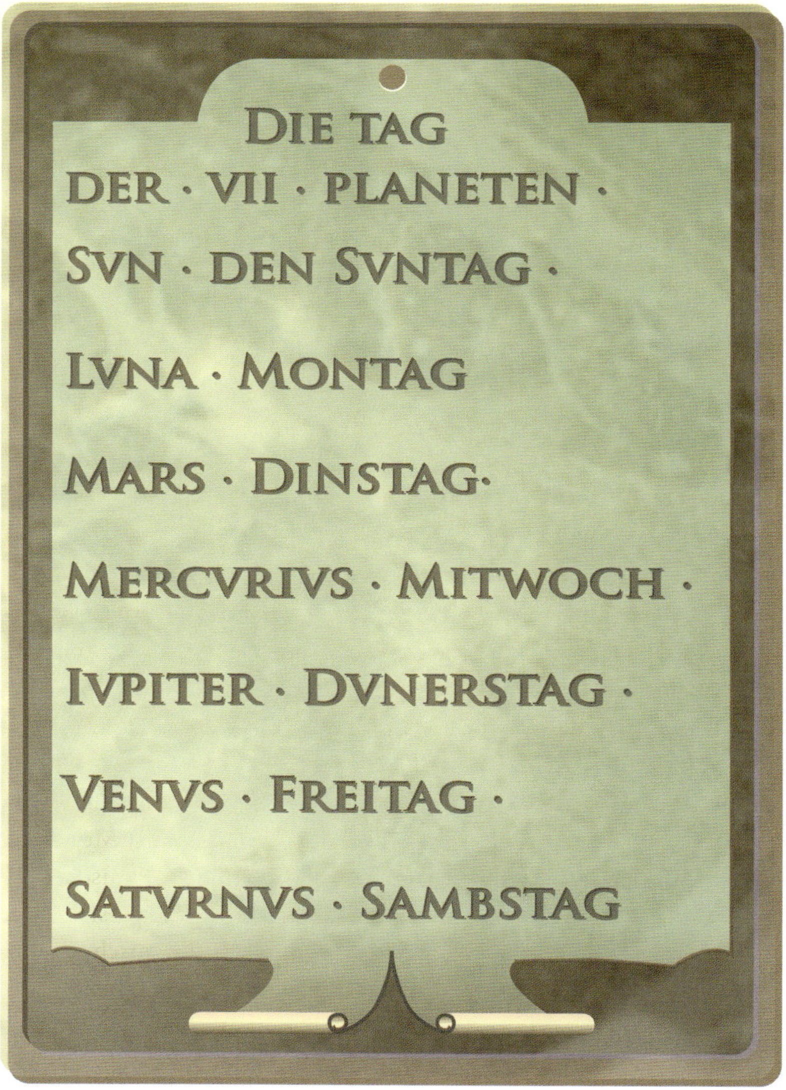

Die Zuordnung der sieben Himmelskörper zu den sieben Wochentagen, wie sie Sebald Beham in seinem Werk „Die sieben Planeten mit den Bildern des Tierkreises“ im Jahr 1539 notiert hatte.

7 › Wie oft gibt es einen Freitag den Dreizehnten?

Schlechte Zeiten für abergläubische Zeitgenossen! Die vermeintlich Unglück bringende Kombination aus Wochentag und Datum tritt in diesem Jahrzehnt gleich 19-mal auf: 2011 zwar – ebenso wie 2014 und 2016 – nur einmal, dafür aber 2015 und 2020 gleich dreimal sowie in den restlichen fünf Jahren je zweimal. Und schlimmer noch: Unter den sieben möglichen Wochentagen fällt der 13. innerhalb von 400 Jahren am häufigsten auf einen Freitag.

Dabei ist der Zeitraum von 400 Jahren die Basiseinheit im Gregorianischen Kalender, denn die 1582 durch Papst Gregor XIII. verkündete Kalenderreform beinhaltet eine Schaltregel, die gegenüber dem zuvor gebräuchlichen Julianischen Kalender drei Schalttage innerhalb von 400 Jahren weglässt. Hieß es vorher, dass jedes ohne Rest durch vier teilbare Jahr ein Schaltjahr mit 366 Tagen sei, so werden seither die nicht ohne Rest durch 400 teilbaren Hunderter-Jahre als Gemeinjahr mit 365 Tagen gerechnet. Das Jahr 2000 war also ein Schaltjahr mit 366 Tagen, während die Jahre 2100, 2200 sowie 2300 nur 365 Tage dauern werden; erst 2400 umfasst als Hunderter-Jahr wieder einen Tag mehr.

Die Schaltjahre sind schuld

Jeder dieser 400-Jahre-Blöcke enthält also 146.097 Tage, verteilt auf 4800 Monate oder 20.871 volle Wochen. Deshalb wiederholen sich nach 400 Jahren sämtliche Datums-/Wochentagskombinationen in gleicher Folge. Bei einer Gleichverteilung des 13. Monatstages auf alle sieben Wochentage sollte Freitag der Dreizehnte während dieser Zeit also 4800/7 oder 685,71-mal vorkommen. In Wirklichkeit müssen wir aber in 400 Jahren 688-mal mit dieser Kombination leben, während der 13. am seltensten auf einen Donnerstag oder Samstag (je 684-mal) fällt. Doch was hat dies mit Astronomie und Weltraum zu tun?

Vermutlich ist die vermeintliche Unglücksbedeutung der 13 kalendarischen – und damit astronomischen – Ursprungs. Im Mondkalender der frühen Kulturen passten in der Regel zwölf Monde (die Zeit zwischen

Monatstag				So	Mo	Di	Mi	Do	Fr	Sa
1.	8.	15.	22.	**688**	684	687	685	685	687	684
2.	9.	16.	23.	684	**688**	684	687	685	685	687
3.	10.	17.	24.	687	684	**688**	684	687	685	685
4.	11.	18.	25.	685	687	684	**688**	684	687	685
5.	12.	19.	26.	685	685	687	684	**688**	684	687
6.	**13.**	20.	27.	687	685	685	687	684	**688**	684
7.	14.	21.	28.	684	687	685	685	687	684	**688**
			29.	644	641	644	642	642	643	641
			30.	627	631	626	631	627	629	629
			31.	400	399	401	398	402	399	401

Im Gregorianischen Kalender, der 1582 von Papst Gregor XIII. eingeführt wurde, kommt die Kombination „Freitag, der 13." besonders häufig vor.

zwei Vollmondstellungen) in den vom Sonnenlauf bestimmten Zyklus der Jahreszeiten. Weil aber zwölf Monde etwa elf Tage kürzer sind als ein Jahreszeitenzyklus, musste nach jeweils drei Jahren zum Ausgleich ein zusätzlicher, dreizehnter Monat eingeschoben werden. Auch damals war die genaue Schaltregel allerdings schon etwas komplizierter, denn diesen dreizehnten Monat brauchte man innerhalb von 19 Jahren sieben Mal.

Da aber in solchen Jahren mit 13 Monaten entsprechend mehr Steuern und Abgaben zu zahlen waren, dürften sie nicht sonderlich beliebt gewesen sein. Zwar hätte die Einführung eines 13. Monatsgehaltes (!) in der zweiten Hälfte des vergangenen Jahrhunderts diese Unglücksbelastung eigentlich verdrängen können, doch hat die Zeit für einen solchen Bedeutungswandel nicht ausgereicht.

8 › Warum nennt man die heißen Sommertage auch „Hundstage"?

Schon die alten Römer bezeichneten die heißesten Tage des Jahres Ende Juli/Anfang August als Hundstage („dies caniculares"). Übernommen haben sie dies vermutlich von den Griechen, die ihrerseits Beobachtungen der alten Ägypter zur Grundlage ihrer Überlegungen gemacht hatten.

Ausgangspunkt ist die Tatsache, dass die meisten Sterne des Himmels im Laufe eines Jahres für ein paar Wochen unsichtbar sind. Davon ausgenommen bleiben nur jene Sternbilder, die nahe genug am Himmelspol stehen, dass sie bei uns nie untergehen: Sie sind das ganze Jahr über am Nachthimmel zu finden. Weil die Sonne von der Erde aus gesehen scheinbar ostwärts durch die Sternbilder der Ekliptik (des Tierkreises) wandert, verschwinden die Sternbilder nach und nach am Abendhimmel im Glanz der Sonne und tauchen ein paar Wochen später am Morgenhimmel vor Sonnenaufgang wieder auf.

Daraus schlossen die griechischen Naturphilosophen, dass die vorübergehend unsichtbaren Sterne während dieser Zeit mit der Sonne am Taghimmel standen. Als die griechischen Gelehrten nach den Eroberungsfeldzügen Alexanders des Großen bei den Ägyptern „in die Schule" gingen, fiel diese Zeit der Unsichtbarkeit des hellen Sterns Sirius mit den heißesten Tagen im Juli zusammen. Daraus entstand bei ihnen die mythologische Vorstellung, dass offenbar die gemeinsame Strahlung von Sonne und Sirius für die große Hitze verantwortlich war.

Sirius, der Wächterstern

Im alten Ägypten der Pharaonen und Pyramidenbauer war bereits vor mehr als 5000 Jahren ein kultischer Kalender mit 360 Tagen (plus fünf Feiertagen am Ende des Jahres) gebräuchlich. Die Zahl 360 lag fast in der Mitte zwischen der in Tagen gerechneten Dauer des Sonnenjahres (etwa 365,25 Tage) und der des etwas kürzeren Mondjahres (etwa 354,37 Tage). Allerdings war dieser 365-Tage-Kalender gegenüber dem Sonnen-

Sirius, der hellste Fixstern am irdischen Himmel, stand vor über 2000 Jahren während der Hochsommerwochen gemeinsam mit der Sonne am Taghimmel.

jahr um rund sechs Stunden zu kurz, und so rutschte der Jahresbeginn etwa alle vier Jahre um einen Tag nach vorn – zumindest im Vergleich zum Lauf der Sonne am Himmel und den daraus abgeleiteten Terminen der Sonnenwenden und Tagundnachtgleichen. Aus dieser Verschiebung leitet sich auch die bekannte Sothis-Periode von 1461 Jahren ab, jene Zeit, nach der Kultkalender und Sonnenkalender – und damit der sogenannte heliakische Aufgang (Frühaufgang) des Sirius – wieder zusammenpassten.

Aufgefallen war die besondere Bedeutung von Sirius in diesem Zusammenhang wohl schon in der Frühzeit des ägyptischen Reiches. Damals fiel der Morgenaufgang des Sterns Sirius nämlich mit dem Beginn der alljährlichen Nilschwemme zusammen. Sirius, der hellste Fixstern am irdischen Himmel, war also gleichsam der „Wächterstern", der die herannahende Nilflut ankündigte. Dies könnte ihm den Beinamen „Hundsstern" eingebracht haben, der dann auf das ganze Sternbild (Großer Hund) „abfärbte": Schließlich warnte Sirius ähnlich wie ein treuer Wachhund durch seinen Frühaufgang vor der Sonne die Menschen vor der nahenden Nilflut.

9 › Wann verfinstern sich Sonne und Mond?

Das neue Jahrhundert hat gerade erst begonnen, da hat auch schon die längste totale Sonnenfinsternis des 21. Jahrhunderts stattgefunden: Am 22. Juli 2009 bedeckte der Mond die Sonne maximal sechs Minuten und 39 Sekunden lang vollständig. Dieses astronomische Ereignis war allerdings nur in Teilen Indiens, Chinas und der Pazifikregion zu beobachten – nicht in Europa.

Das „Versteckspiel" von Sonne und Mond geht aber auch anders herum: Befindet sich der Mond während seines Umlaufs um die Erde auf der sonnenabgewandten Seite und läuft in den vom Sonnenlicht erzeugten Schatten der Erde, so kommt es zu einer Mondfinsternis.

In vergangenen Zeiten deutete man Finsternisse als Zeichen des Schicksals. Doch schon die alten Babylonier kannten mathematische Regeln, mit denen sich Sonnen- und Mondfinsternisse verlässlich vorhersagen ließen. Sie fanden heraus, dass Finsternisse ähnlicher Art im Abstand von 6583 Tagen und acht Stunden aufeinander folgen. Nach Ablauf einer solchen „Sarosperiode" – also nach 18 Jahren, zehn oder elf Tagen und acht Stunden – nehmen Mond, Erde und Sonne fast wieder die gleiche Stellung zueinander ein, so dass sich Sonnen- und Mondfinsternisse nach diesem Zeitraum unter nahezu denselben Bedingungen wie 18 Jahre zuvor wiederholen. Diese spezielle Abfolge von so aufeinander folgenden Finsternissen heißt „Saroszyklus". Neben dem Saroszyklus gibt es auch noch andere, weniger bekannte Finsterniszyklen.

Regelmäßige Wiederkehr der Finsternisse

Bei einer Sonnenfinsternis schiebt sich der Mond zwischen Sonne und Erde und wirft seinen Schatten auf Teile der Erdoberfläche. In Erinnerung ist vielleicht noch die von Deutschland aus sichtbare totale Sonnenfinsternis vom 11. August 1999; sie wird eine „Tochterfinsternis" am 21. August 2017 haben, genau 18 Jahre, zehn Tage und acht Stunden später. Allerdings wird sich die Erde in den acht Stunden (= 1/3 Tag) circa 120 Grad in geografischer Länge weiter von West nach Ost gedreht

Sonnenfinsternis (oben) und Mondfinsternis (unten). In der Mitte jeweils die totale Bedeckung, daneben die partiellen Phasen der Finsternisse.

haben – deshalb wird diese Finsternis vom nordamerikanischen Kontinent aus zu beobachten sein.

Die nächste Sonnenfinsternis dieser Reihe wird am 2. September 2035 im asiatisch-pazifischen Raum stattfinden, wiederum etwas weiter nach Süden verschoben. Diese Sonnenfinsternis ist dann gewissermaßen die „Enkelin" der Finsternis vom 11. August 1999 – man spricht deshalb neben Saroszyklen auch von „Sarosfamilien". Für eine Sarosfamilie gilt: Die „Stammmutter" einer Sarosfamilie taucht in der Nähe eines Erdpols als partielle Sonnenfinsternis auf. Die nachfolgenden Familienmitglieder, das heißt deren Finsterniszonen, wandern dann in 18-jährigem Abstand wie eine Spirale über die Erdoberfläche; bis der allerletzte Nachfahre einer Sarosfamilie nach rund 1300 Jahren am anderen Erdpol angekommen ist und das „Sarosgeschlecht" nach etwa 70 Finsternissen „ausstirbt".

10 › Warum ändern sich die Auf- und Untergangszeiten der Sonne nicht gleichmäßig?

Am Tag der Wintersonnenwende, am 21. oder 22. Dezember, ist der Tag auf der Nordhalbkugel am kürzesten und die Nacht am längsten. Danach werden die Tage, also der Zeitraum zwischen Sonnenaufgang und Sonnenuntergang, wieder länger – zunächst kaum merklich, dann immer deutlicher. Allerdings ist es nicht so, dass die Sonne dabei von Tag zu Tag jeden Morgen eine gewisse Anzahl Minuten früher aufgeht und abends genau dieselbe Zeit später untergeht. Der Blick in ein astronomisches Jahrbuch oder einen Kalender mit den Auf- und Untergangszeiten der Sonne offenbart, dass sich Sonnenaufgang und -untergang keinesfalls gleichmäßig ändern.

Während sich am Anfang eines Jahres die Sonnenaufgänge nur wenig verfrühen, verschieben sich die Untergänge in den Abend hinein recht deutlich. So ging die Sonne beispielsweise am 1. Februar 2011 in Berlin 45 Minuten später unter als am 1. Januar, aber nur 25 Minuten früher auf.

Die Sonne verspätet sich

Trotz dieser „einseitigen" Verschiebung bestimmt der sogenannte wahre Mittag – der Zeitpunkt, an dem die Sonne gen Süden am höchsten über dem Horizont steht – weiterhin die Mitte des Tages: Die zeitlichen Abstände zwischen Sonnenaufgang und wahrem Mittag und zwischen wahrem Mittag und Sonnenuntergang bleiben nahezu gleich lang. Da der Tag länger wird, die Sonne aber nur wenig früher aufgeht und sie weiterhin in der Mitte des Tages ihren höchsten Stand erreicht, muss sich die Sonne folglich beim Erreichen ihrer Mittagshöhe zunehmend „verspäten". Wie kommt es dazu?

Zunächst einmal ist die Umlaufgeschwindigkeit der Erde um die Sonne nicht konstant, da die Umlaufbahn kein exakter Kreis, sondern leicht ellipsenförmig ist. Die Sonne wandert also von Tag zu Tag mit leicht unterschiedlicher Geschwindigkeit am Himmel über uns hinweg,

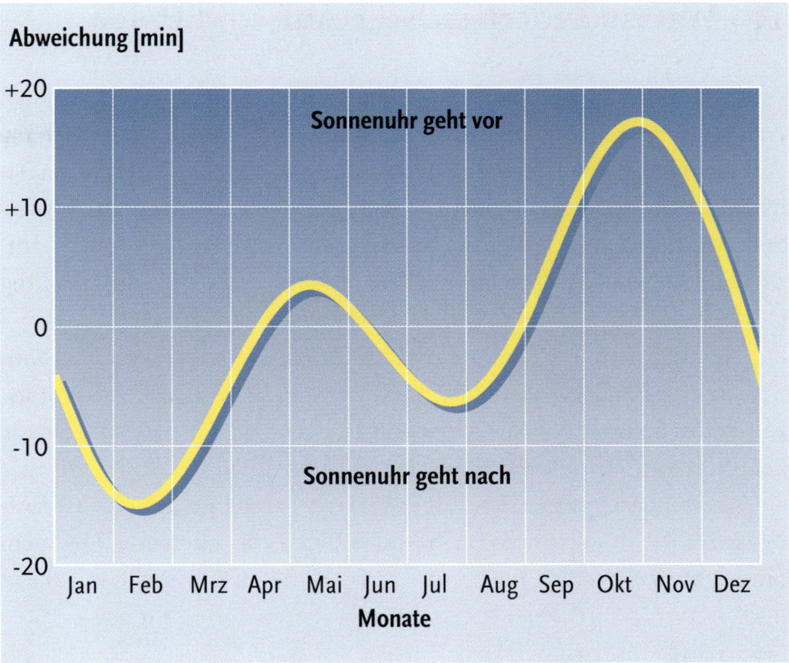

Sonnenaufgang und -untergang ändern sich nicht gleichmäßig: Die Zeitgleichung (gelbe Kurve) ist die Differenz zwischen der Mittleren Sonnenzeit und der Wahren Sonnenzeit an einem Ort; mal ist sie positiv, mal negativ.

mal etwas schneller, mal etwas langsamer – je nach Position der Erde auf ihrer Ellipsenbahn um die Sonne. Zudem legt die Sonne in Abhängigkeit vom Zeitpunkt im Jahr jeden Tag geringfügig unterschiedliche Wegstrecken am Himmel zurück, denn die durch Nord- und Südpol verlaufende Erdachse steht nicht senkrecht auf der Erdumlaufbahn, sondern je nach Jahreszeit ist entweder die Nordhalbkugel oder die Südhalbkugel der Erde in Richtung Sonne gekippt.

Wie sich der wahre Sonnenlauf am Himmel und damit die ursprüngliche Sonnenuhr zu unserer im Alltag gleichförmig verlaufenden Uhrzeit verhält, spiegelt die sogenannte Zeitgleichung wider, die man an vielen Sonnenuhren als Korrekturangabe findet.

11 › Was ist die Kopernikanische Revolution?

Revolutionen, das heißt einschneidende Umwälzungen, ereignen sich zu allen Zeiten und in allen Bereichen der Menschheit, daher auch in den Naturwissenschaften. Die wohl bekannteste und leicht nachvollziehbare Umwälzung ist sicherlich diejenige, welche auf den Frauenburger Domherrn und Astronomen Nikolaus Kopernikus (1473 – 1543) zurückgeht und als Kopernikanische Revolution oder Wende bezeichnet wird. Was hat es mit ihr auf sich?

Im 16. Jahrhundert, als Kopernikus lebte und wirkte, ging man in Kenntnis der Schriften des griechischen Naturforschers Claudius Ptolemäus (um 100 – 175 n. Chr.) davon aus, dass die Erde der Mittelpunkt der Welt sei und sich alle Gestirne, einschließlich der Sonne, um sie bewegten. Dieses geozentrische Weltbild entsprach auch der herrschenden kirchlichen Lehrmeinung, die man mit Hilfe biblischer Aussagen untermauern konnte.

Die Sonne steht im Mittelpunkt

Kopernikus, der möglicherweise die alte Idee des griechischen Naturforschers Aristarch von Samos (um 310 – 230 v. Chr.) kannte, dass nicht die Erde, sondern die Sonne der Mittelpunkt des Weltalls sei, verschaffte ihr in ausführlicher mathematischer Darstellung wieder ein öffentliches Ansehen.

Sein bekanntestes, Papst Paul III. gewidmetes Werk, im Jahre 1543 mit dem Titel „De Revolutionibus Orbium Coelestium“ (Über die Kreisbewegungen der Himmelskörper) veröffentlicht, wurde denn auch als ein mathematisches Gedankenspiel und ein nützliches mathematisches Verfahren zur Bestimmung von Planetenpositionen vorgestellt und nicht als eine Beschreibung wahrer Naturvorgänge. Dadurch konnte sich Kopernikus Werk zunächst über 70 Jahre lang ungehindert verbreiten, bis es im Jahre 1616 auf den kirchlichen Verbotsindex gesetzt wurde. Erst 1835 wurde das Buch wieder vom Index verbotener Schriften genommen.

Manuskriptseite aus Kopernikus Werk „De Revolutionibus Orbium Coelestium“. Kopernikus hielt zeitlebens an kreisförmigen Bahnen für die Planetenbewegung fest. Um diese Bewegungen nach seinem Weltbild im Einklang mit den Beobachtungen zu beschreiben, benötigte er sogar mehr Hilfskreise als Ptolemäus.

Das heliozentrische Weltbild hat nachfolgende Naturforscher wie Johannes Kepler und Galileo Galilei entscheidend beeinflusst, es himmelsmechanisch weiter zu verbessern und durch Beobachtungen zu stützen. Heute zweifelt niemand mehr daran, dass sich die Erde um die Sonne bewegt, und schon gar nicht verbietet irgendeine Autorität ein solches Gedankengut. Die Kopernikanische Revolution hat der Wahrheit folgenreich zum Durchbruch verholfen, aber mehr noch, sie hat auch die Menschheit in der irrigen Auffassung, sie sei auf der Erde das Zentrum von allem, dabei gekränkt. Das mag die tiefer liegende, eigentliche Lehre für uns sein, die aus der Kopernikanischen Wende folgt. Ähnliche gravierende Bewusstseinswandlungen brachten später Darwins Evolutionstheorie und Sigmund Freuds Psychoanalyse mit sich. Und es wird gewiss nicht die letzte geistige Revolution sein. Sollten wir tatsächlich eines nahen oder fernen Tages außerirdische Lebensformen entdecken, wäre es wieder soweit.

12 › Warum ist es nachts dunkel?

Nachts trifft das Sonnenlicht nicht auf die sonnenabgewandte Seite der Erde, daher ist es dunkel. Doch diese Antwort befriedigt Astronomen nicht. So wie man in einem großen Wald in jeder Richtung und im gesamten Blickfeld auf einen mehr oder weniger weit entfernten Baum schaut, so müsste man in einem unendlichen und gleichmäßig mit Sternen oder Galaxien gefüllten Universum in jeder Richtung irgendwann einen Stern erblicken. Der Nachthimmel müsste eigentlich so hell wie die Sonnenoberfläche erstrahlen.

Bereits 1826 war der deutsche Arzt und Astronom Heinrich Wilhelm Olbers auf dieses Problem gestoßen, das als Olberssches Paradoxon bekannt geworden ist. Diverse Vorschläge zur Lösung des Paradoxons sind seitdem diskutiert worden. Naheliegend ist beispielsweise, dass undurchsichtige Gas- oder Staubwolken zwischen den Sternen die Lichtausbreitung verhindern. Diese Wolken würden jedoch die Strahlung absorbieren, sich dabei aufheizen und nach einiger Zeit selbst zu strahlen beginnen – sie sind also keine Erklärung für die nächtliche Dunkelheit.

Begrenzter Blick – verfremdetes Licht

Die Auflösung liefert unser heutiges Weltmodell: Das Universum ist vor endlicher Zeit entstanden, es expandiert und entwickelt sich. Das Weltalter multipliziert mit der Lichtgeschwindigkeit definiert die Grenze des beobachtbaren Raumes. Von Objekten, die weiter entfernt sind, kann uns das Licht noch nicht erreicht haben.

Hinzu kommt, dass die Expansion des Universums die Wellenlänge der Strahlung dehnt und damit ihre Energie verringert. Aus weiter entfernten Regionen erreicht uns also immer weniger Strahlungsenergie. Die kosmische Hintergrundstrahlung, die einige hunderttausend Jahre nach dem Urknall entstanden war, hatte das Universum zunächst hell erleuchtet. Bis heute wurde ihre Wellenlänge vom sichtbaren Bereich in den Mikrowellenbereich verschoben, kann also vom menschlichen Auge nicht mehr wahrgenommen werden.

Das Foto zeigt den irdischen Nachthimmel im Winter. Lebten wir in einem unendlichen und gleichmäßig mit Sternen oder Galaxien gefüllten Universum, dann würden wir in jeder Richtung einen Stern erblicken – der Nachthimmel müsste so hell wie die Sonnenoberfläche erstrahlen.

Wer abends vor der Haustüre feststellt, dass der Nachhimmel dunkel ist, darf also messerscharf kombinieren: Das Universum expandiert!

13 › Warum ist der Himmel blau?

Haben Sie auch schon einmal darüber nachgedacht, warum Luft unsichtbar und farblos ist, wenn wir horizontal hindurchschauen, aber blau erscheint, wenn wir tagsüber in einen wolkenlosen Himmel blicken? An der Entfernung kann es nicht liegen, denn in den Bergen kann man bei ausgezeichneter Fernsicht durchaus 80 oder 100 Kilometer weit sehen, ohne dass die fernen Gipfel hinter einem blauen Dunst verschwimmen. Dabei schauen wir beim Blick in die Ferne durch wesentlich mehr Luftmoleküle hindurch als dann, wenn wir senkrecht nach oben schauen.

Die Tatsache, dass der Himmel nachts (mehr oder minder) dunkel, zumindest aber nicht blau erscheint, lässt Sie zu Recht vermuten, dass das Sonnenlicht bei der Himmelsfarbe eine Rolle spielt: Ohne Sonnenlicht bleibt der Himmel dunkel oder bestenfalls grau, wenn das Tageslicht der Sonne von einer dichten Wolkendecke weitgehend verschluckt wird.

Solche Wolken bestehen aus kleinen Wassertröpfchen, zwischen denen das Sonnenlicht nicht ungehindert durchkommt. Es wird vielmehr an jedem einzelnen Wassertröpfchen reflektiert, das ihm auf seinem Weg in die Quere kommt. Und weil solche Tröpfchen rund sind, aber nicht immer frontal getroffen werden, prallen die Lichtteilchen bei jedem Zusammenstoß mit einem Tröpfchen in eine andere Richtung ab – ähnlich wie Billardkugeln, die seitlich angeschossen werden. So hat von „oben" kommendes Sonnenlicht schon nach mehreren Zusammenstößen seine ursprüngliche Richtung verloren und erfüllt die Wolke mit einem diffusen Licht, das nach unten immer schwächer wird.

Der Hindernislauf des Sonnenlichts

Ähnlich ergeht es dem Licht auch bei seinem Weg durch die trockene Luft. Weil die Luftmoleküle aber wesentlich kleiner als die Wassertröpfchen in einer Wolke sind, beeinflussen sie das Licht in einer anderen Weise: Bei derart winzigen „Hindernissen" hängt die Stärke der Ablenkung nämlich von der Wellenlänge beziehungsweise Farbe des Lichtes

Himmelsblau und Abendrot entstehen durch die Streuung des Lichtes an den Molekülen der irdischen Lufthülle und den Staubpartikeln in der unteren Atmosphäre.

ab. Kurzwelliges, blaues Licht „spürt" die Luftmoleküle stärker als langwelliges, rotes Licht. Man kann es in gewisser Weise vergleichen mit der unterschiedlichen Wirkung, die eine kleine Glaskugel und ein großer Fußball erfahren, wenn sie über ein Kiesbett rollen: Der große Fußball rollt ziemlich geradeaus über die kleinen Steinchen hinweg, während die kleine Glaskugel immer wieder vom geraden Weg abgebracht wird.

Aufs Licht übertragen heißt dies, dass der blaue Anteil des – an sich fast weißen – Sonnenlichtes wesentlich stärker an den Luftmolekülen gestreut wird als der rote Anteil. Daher sehen wir den Himmel überall dort blau, wo das Sonnenlicht von außen auf die Atmosphäre trifft, während die Sonne selbst etwas weniger blau als oberhalb der Erdatmosphäre (und damit gelblich) erscheint. Je tiefer die Sonne über dem Horizont steht, desto länger ist der Weg des Lichtes, und desto stärker wird der Blauanteil aus dem Sonnenlicht herausgefiltert: die auf- oder untergehende Sonne strahlt kräftig orangefarben oder sogar rötlich. Und weil dieses rötliche Sonnenlicht in den horizontnahen Dunstschichten zusätzlich gestreut wird, erscheint auch der Himmel im Umfeld der Sonne dann rötlich gefärbt.

14 › Wozu brauchen wir immer größere Fernrohre?

Bis vor rund 400 Jahren waren die Menschen auf den Einsatz ihrer Augen beschränkt, wenn es darum ging, Ereignisse und Objekte am Himmel zu verfolgen oder zu betrachten. Für sie blieb die Welt auf einige tausend, zumeist unbewegliche Lichtpunkte beschränkt, zwischen denen sich ganze sieben Himmelskörper auf verhältnismäßig regelmäßigen Bahnen bewegten. Nur hin und wieder tauchte ein fremdartiges Gebilde auf, ein Komet oder „Haarstern", der dann meist auch gleich für Angst und Aufregung sorgte.

Erst die Erfindung des Fernrohrs um 1608 im niederländischen Middelburg schuf die Grundlage für die Entwicklung unseres modernen Weltbildes. Dabei lieferte es nicht nur vergrößerte Ansichten der Objekte unseres Sonnensystems, so dass Galileo Galilei erstmals Krater auf dem Mond, die Phasengestalt der Venus und vier Monde beim Jupiter erkennen konnte: Die Tatsache, dass ein Fernrohr mit seiner – im Vergleich zur Pupille des Auges – größeren Öffnung auch mehr Licht bündelt, hat gleich den ersten Benutzern zum Beispiel auch die wahre Natur der Milchstraße als einer Ansammlung aus zahllosen lichtschwachen, weil weit entfernten Sternen deutlich gemacht.

Sammelbecken für Licht

Beide Wirkweisen des Teleskops – die sogenannte Vergrößerung und mehr noch der lichtsammelnde Effekt einer großen Optik – lassen den Wunsch der Astronomen nach immer größeren Teleskopen nur allzu verständlich erscheinen. Dabei haben physikalisch-technische Grenzen bis weit ins 20. Jahrhundert hinein das „Wachstum" stark verzögert. Trotzdem zeigte der legendäre Fünf-Meter-Spiegel auf dem Mount Palomar seit 1948 bereits Objekte, die millionenfach schwächer erschienen als jene Sterne, die man an einem wirklich dunklen Ort gerade noch mit bloßem Auge erkennen kann – genug, um mehrere Milliarden Lichtjahre weit ins All hinausblicken zu können.

Immer größer – immer weiter: Die Europäische Südsternwarte ESO bereitet den Bau eines Teleskops mit 39 Metern Durchmesser vor.

Mit dem von der Europäischen Südsternwarte ESO projektierten 39-Meter-Teleskop, dem Extremely Large Telescope, wird man aber nicht achtmal weiter schauen könnte: Objekte jenseits einer Entfernung von etwa 13,7 Milliarden Lichtjahren bleiben uns unabhängig von der Lichtstärke eines Teleskops verborgen, weil deren Licht noch gar nicht bei uns angekommen sein kann. Aber mit größeren Teleskopen kann man auch lichtschwache Objekte schneller beobachten – und damit in gleicher Zeit mehr Objekte untersuchen. Und mit sogenannten adaptiven Optiken, die die störende Luftunruhe (das Flimmern der Sterne) gleichsam einfrieren können, werden dann auch engst benachbarte Details erkennbar, ein Vorteil, der sich im Bereich der Radioastronomie schon seit längerem durch die interkontinentale Zusammenschaltung von Antennenanlagen erzielen lässt.

15 › Was sind Sternschnuppen?

Ein heller Lichtstreifen erscheint am Nachthimmel – laut volkstümlicher Überlieferung hat der Beobachter der Sternschnuppe nun einen Wunsch frei: Er muss die Augen schließen und kann sich etwas wünschen, darf aber niemandem davon erzählen. Auch die Wissenschaft beschäftigt sich mit diesen Leuchterscheinungen in der Atmosphäre und nennt sie Meteore. Sie entstehen, wenn kleinste Teilchen – sogenannte Meteoroide – mit der Atmosphäre kollidieren und durch die Reibungshitze verglühen. Dabei werden Moleküle entlang der Flugbahn des Meteoroiden ionisiert und dadurch zum Leuchten angeregt – für Sekundenbruchteile ist eine helle Spur am Himmel sichtbar. Das geschieht meist in Höhen von 80 bis 120 Kilometern.

Die teils nur millimetergroßen Meteoroide stammen von Asteroiden und Kometen. Üblicherweise treten Meteore zufällig verteilt auf. Manchmal sind aber regelrechte Meteorschauer mit mehr als 100 Sternschnuppen pro Stunde zu sehen. Wie kommt es dazu?

Feuerwerk am Firmament

Meteorschauer werden meist von Kometen verursacht. Nähern sich diese Kometen der Sonne, beginnt das Eis an der Kometenoberfläche zu verdampfen und reißt Staubteilchen mit sich. Die Teilchen entfernen sich vom Kometenkern und verteilen sich so, dass eine schlauchartige Teilchenwolke entlang der Kometenbahn entsteht. Wenn sich die Kometenbahn und die Erdbahn bis auf einige 100.000 Kilometer nahe kommen, so können sich im Laufe der Zeit diese Partikelwolke und die Erde begegnen. Dann stoßen viele der Teilchen mit der Erdatmosphäre zusammen und verglühen als Sternschnuppen.

Da sich die Umlaufbahnen von Erde und Komet um die Sonne kaum gegeneinander verschieben, finden diese Begegnungen regelmäßig zu bestimmten Zeiten im Jahr statt. Die bekanntesten Meteorschauer sind die Perseiden (um den 12. August), die Leoniden (um den 17. November) und die Geminiden (um den 13. Dezember). Verglüht ein größerer

Aufnahme einer Sternschnuppe: Ein heller Meteor, der am 13. August 2007 um 22.39 Uhr von der Station Wettzell beobachtet wurde: Zusätzlich fotografieren im Rahmen des europäischen Feuerkugel-Netzwerks – an dem auch das DLR teilnimmt – jede Nacht 25 automatisch arbeitende Kamerastationen den Himmel über Mitteleuropa und registrieren bei klarer Sicht alle Meteore.

Meteoroid nicht vollständig in der Atmosphäre und erreicht als Festkörper die Erdoberfläche, dann wird er Meteorit genannt.

16 › Kann man Asteroiden-Einschläge auf die Erde vorhersagen?

Erdnahe Objekte sind die potenziellen Attentäter. Die sogenannten NEOs (Near-Earth Objects) sind Asteroiden oder Kometen, die man in Sonnennähe an ihrem Kometenschweif erkennen kann. Kreuzen diese Mini-Himmelskörper bei ihrem Umlauf um die Sonne die Erdbahn, so kann es zu einer Kollision, dem „Impakt", kommen. Aber lassen sich solche Einschläge vorhersagen?

Staubteilchen dringen häufig in die Atmosphäre ein und lösen dabei nur ein harmloses Leuchten aus, eine Erscheinung, die man Meteor oder Sternschnuppe nennt. Seltenere große Körper hinterlassen Krater auf der Erdoberfläche oder verursachen Flutwellen beim Einschlag im Meer. NEOs ab etwa einem Kilometer Durchmesser können unabhängig vom Einschlagsort weltweite Auswirkungen haben. Das Artensterben vor 65 Millionen Jahren, dem auch die Dinosaurier zum Opfer fielen, wurde höchstwahrscheinlich durch den Impakt eines rund zehn Kilometer großen Asteroiden ausgelöst. Er riss einen 180 Kilometer großen Krater in die Halbinsel Yukatan am Golf von Mexiko.

Der nächste Einschlag kommt – nur wann?

Den letzten größeren Einschlag gab es 1908 in Sibirien, in der Nähe des Flusses „Steinige Tunguska". Ein 30 bis 50 Meter großer Steinasteroid drang mit etwa 15 Kilometern pro Sekunde in die Atmosphäre ein und gab einige Kilometer über dem Boden seine Bewegungsenergie explosionsartig ab. Er zerstörte ein Waldgebiet von über 2200 Quadratkilometern Größe – das ist die doppelte Fläche Berlins.

Wahrscheinlich gibt es über eine Million NEOs, die größer als 30 Meter sind; davon sind wiederum über Hunderttausend größer als 100 Meter und ungefähr Tausend haben eine Größe von mindestens einem Kilometer.

Ein vages Gefühl für die Einschlagswahrscheinlichkeit geben gemittelte Zeitabstände zwischen den Impakten zweier gleich großer NEOs:

Der Kleinplanet 2008 TC3 war der erste, dessen Kollision mit der Erde sich vorhersagen ließ. Die Aufnahme vom 7. Oktober 2008 ab 1.45 Uhr Weltzeit zeigt ihn eine Stunde, bevor er in die Erdatmosphäre eintrat. Ein 45-cm-Teleskop des La Sagra Sky Survey zeichnete den Flug des Kleinplaneten (von rechts nach links) als schwächer werdende Strichspur auf, bis er ganz im Erdschatten verschwand.

30-Meter-NEOs treffen die Erde etwa alle 1000 Jahre, 1-Kilometer-NEOs etwa alle 300.000 Jahre. Allerdings kann es jederzeit zu einem weiteren Impakt kommen, was man nur durch die Vorausberechung der Bahnen der bekannten Asteroiden untersuchen kann. Von den mehr als 100 Meter großen NEOs hat man aber bislang weniger als drei Prozent entdeckt.

Die erste sichere Vorhersage eines Impakts gelang am 6. Oktober 2008, als der Asteroid 2008 TC_3 entdeckt wurde. Man berechnete, dass er schon 21 Stunden später die Erde treffen würde. Glücklicherweise hatte er nur drei Meter Durchmesser und richtete keinen Schaden an – inzwischen wurden einige Gesteinsreste (Meteorite) des Asteroiden in einer Wüste im nördlichen Sudan gefunden.

17 › Wie ließe sich ein Asteroiden-Einschlag verhindern?

Angenommen, ein Asteroid oder Komet befände sich auf Kollisionskurs mit der Erde. Grundsätzlich gäbe es dann zwei Möglichkeiten, den Impakt, also den Einschlag des erdnahen Objekts abzuwenden: Die Zerstörung des Near Earth Objects (NEO) oder die Umlenkung auf eine ungefährliche Bahn. Aber wäre das realistisch?

Eine Zerstörung käme nur bei kleinen NEOs mit weniger als 100 Metern Durchmesser in Frage, da deren Trümmer noch klein genug wären, um in der Erdatmosphäre weitgehend zu verglühen. Für eine Bahnänderung könnte ein typischer Raketenmotor verwendet werden, der Geschwindigkeit und Richtung des NEOs korrigiert. Dafür müssten allerdings viele tausend Tonnen Treibstoff zum NEO transportiert werden, was mit den heutigen technischen Möglichkeiten nicht realisierbar wäre.

Alternativ könnte ein Geschoss das NEO abbremsen, was je nach Bahnkonstellation deutlich effektiver wäre als ein Raketenantrieb. Erste Erfahrungen mit dieser Methode wurden 2005 mit der US-Raumsonde „Deep Impact“ gemacht, die einen sogenannten Impaktor gezielt auf einem (harmlosen) Kometen einschlagen ließ. Ziel der Mission war allerdings nicht der Test eines Abwehrsystems, sondern die Erforschung der Kometenstruktur.

Eine kleine Bahnänderung würde genügen

Denkbar wäre auch, Nuklearsprengsätze in der Nähe, auf oder unter der Oberfläche eines NEOs zu zünden. Theoretisch könnte ein solcher Sprengsatz einen bis zu 100.000-fach größeren Bewegungsimpuls auf das NEO übertragen als ein Raketenantrieb. Ein derartiges Verfahren dürfte man natürlich nur in möglichst großer und sicherer Entfernung von der Erde anwenden. Geschosseinschlag oder Nuklearexplosion könnten jedoch auch dazu führen, dass das NEO zerbricht oder bei entsprechend lockerer Gesteinsstruktur den Impuls wie ein Sandsack

Der große Meteorkrater in Arizona ist das sichtbare Zeichen eines kosmischen Einschlags auf der Erde.

schluckt. In beiden Fällen bliebe der Kollisionskurs weitestgehend unverändert.

Überlegt wird auch, ein Spiegelsystem in der Nähe eines NEOs zu stationieren, das die Sonnenstrahlung auf die NEO-Oberfläche bündelt und so dort Material verdampft. Das wiederum würde Schub wie bei einem Raketenmotor erzeugen. Die Schubkraft wäre zwar gering, würde aber bei einer Betriebsdauer von mehreren Monaten ausreichen, um das Objekt nach einigen Jahren Freiflugphase an der Erde vorbei driften zu lassen. Der dabei entstehende Staub könnte jedoch den Spiegel schnell unbrauchbar machen.

Bei NEOs, die deutlich kleiner als ein Kilometer sind und somit keine global verheerenden Auswirkungen hätten, gäbe es noch eine Notlösung: Die Evakuierung des Einschlagsgebietes. Die müsste allerdings schnell vonstatten gehen, da sich der exakte Ort und Zeitpunkt des Einschlags erst wenige Wochen vor dem Unglück hinreichend genau berechnen lassen. Allerdings müsste man gleichzeitig den Verlust an Bauwerken, Kulturgütern und Naturlandschaften in Kauf nehmen, von den verheerenden Folgen durch eventuell zerstörte Chemieanlagen und Kernkraftwerke ganz zu schweigen.

18 › Polarlichter – Warum brennt manchmal der Himmel?

Berichte über das sogenannte Polarlicht – ein unheimliches, fahlrot und grün leuchtendes Flackern am Nachthimmel – gibt es schon seit 2000 Jahren. Die Wikinger interpretierten die Leuchterscheinung als das Schimmern des Mondlichtes auf den Rüstungen der geisterhaften Walküren, wenn sie über den Himmel ritten. Doch wie entstehen eigentlich diese auffallenden Naturerscheinungen?

Die Astronomie bietet die naturwissenschaftliche Erklärung des „Himmelsfeuers": Polarlichter entstehen, wenn der Sonnenwind auf die Atmosphäre der Erde trifft. Sonnenwind nennt man den Strom elektrisch geladener Teilchen (beispielsweise Elektronen und Protonen), den die Sonne ins All strahlt. Die Erde ist diesem solaren Bombardement aber nicht schutzlos ausgeliefert – ihr Magnetfeld schirmt die Erdoberfläche vom größten Teil der hochenergetischen Teilchen ab.

Ein Polarlicht über Alaska

Der Sonnenwind bringt den irdischen Himmel zum Leuchten

Ist der Sonnenwind aber besonders stark, dann können die Teilchen bis in die Erdatmosphäre vordringen, und das insbesondere in den Polarregionen, wo das Magnetfeld senkrecht auf die Erdoberfläche trifft. Dort regt der Teilchenschauer Luftmoleküle zum Leuchten an: Energetisch angeregte Sauerstoffatome in etwa 100 Kilometern Höhe strahlen grünes Licht ab; rotes Licht stammt von Sauerstoffatomen in etwa 200 Kilometern Höhe. Sehr große Energien sind notwendig, um Stickstoffatome anzuregen, die dann violettes bis blaues Licht aussenden.

In mittleren Breiten, also auch in Europa, sind Polarlichter außergewöhnliche Ereignisse. Hier haben sie meist eine rote Farbe, da der Sonnenwind nur selten tiefer in die Atmosphäre eindringen kann.

Polarlichter entstehen, wenn der „Sonnenwind“ mit elektrisch geladenen Teilchen in die Atmosphäre der Erde eindringt. Die Abbildung ist nicht maßstabsgetreu, der Abstand zwischen Sonne und Erde ist tatsächlich sehr viel größer.

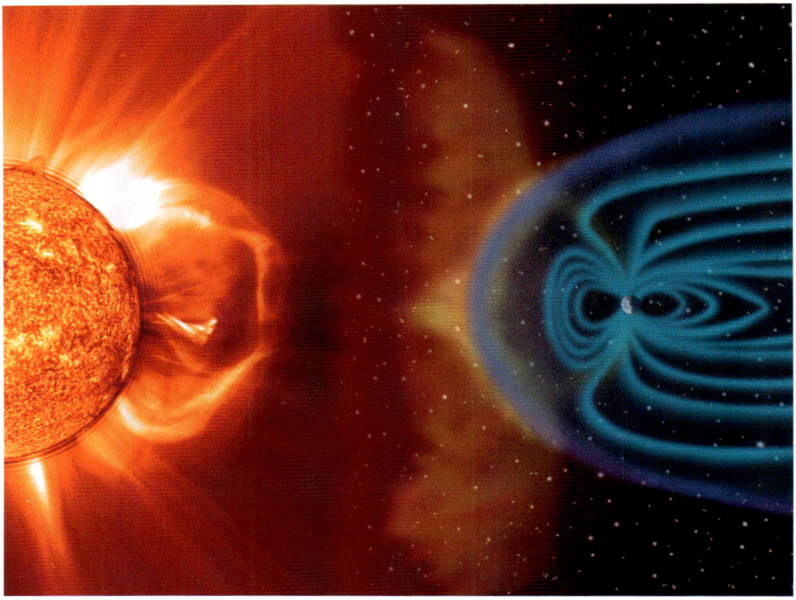

19 › Wo sind der Kleine Wagen und der Große Wagen geblieben?

Der „Kleine Wagen“ und der „Große Wagen“ – selbst wer kaum Ahnung von Astronomie hat, kennt sie zumindest vom Namen her. Kleiner Wagen und Großer Wagen sind jeweils eine Anordnung von sieben Sternen, die wie der Querschnitt eines Bollerwagens oder einer Lastkarre aussehen (aber keineswegs wie ein Automobil). Vier Sterne formen die Ladefläche beziehungsweise den Wagenkasten und drei eine lange Deichsel beziehungsweise Lenkstange. Verlängert man die gedachte Verbindungslinie der beiden hinteren Kastensterne des Großen Wagens um etwa das Fünffache über die „Ladefläche“ hinaus, trifft man fast direkt auf den Polarstern. Dieser ist die Deichselspitze des Kleinen Wagens. In Europa sind Kleiner Wagen und Großer Wagen das ganze Jahr hindurch zu sehen, zu jeder Stunde der Nacht.

Keine offiziellen Sternbilder

Obwohl diese beiden bekanntesten Sternkonstellationen für die Orientierung am Himmel von großer Bedeutung sind, handelt es sich streng genommen nicht um Sternbilder. Davon kennen die Astronomen insgesamt 88. Ihre Namen wurden 1922 von der Internationalen Astronomischen Union verbindlich festgelegt, nachdem im Laufe der Zeit eine gewisse Willkür aufgekommen war. In der offiziellen Liste der Sternbildnamen finden sich weder der Große noch der Kleine Wagen. Sie sind formal nur Teilsternbilder oder „Asterismen“, also spezielle Anordnungen von Sternen. Der Große Wagen ist Teil des Sternbilds „Ursa Maior“, Großer Bär, und der Kleine Wagen liegt im Sternbild Kleiner Bär, „Ursa Minor“. Weitere bekannte Asterismen sind das „Sommerdreieck“, das „Herbstviereck“ und das „Wintersechseck“.

Die „Sternbilder“ Kleiner und Großer Wagen sind bei uns immer in Nordrichtung zu finden. Entgegen dem Uhrzeigersinn rotieren sie um den Himmelspol, dessen Ort zu unserer Zeit rein zufällig durch den Polarstern markiert wird.

Kleiner Löwe
Cor Caroli
Jagdhunde
Zenit
(Großer Bär)
Mizar
Alkor
Rinderhirte
Großer Wagen
Luchs
Kleiner
Wagen
Drache
Polarstern
Kepheus
Perseus
Kassiopeia
Eidechse
Norden

20 › Warum funkeln die Sterne?

Nicht nur Romantiker können sich für einen von funkelnden Sternen übersäten, dunklen Nachthimmel begeistern. Doch was ihnen als Inbegriff eines prächtigen Sternenhimmels erscheint – eben das Funkeln und Flimmern der Sterne –, ist den professionellen Astronomen und beobachtenden Sternfreunden ein Gräuel: Nichts stört den Wert einer Teleskopbeobachtung mehr als ein ständig umhertanzender, wabernder Lichtfleck.

Schuld an diesem schauerlichen Anblick ist die Atmosphäre der Erde. Sie ist zwar einerseits als entscheidender Schutzschild für das Leben auf diesem Planeten unverzichtbar, weil sie die tödliche Röntgen- und Gammastrahlung aus dem Kosmos abschirmt und mit ihrer Ozonschicht auch die gefährliche Ultraviolettstrahlung der Sonne weitgehend ausfiltert. Doch sie ist andererseits den Astronomen auch ein ständiges Ärgernis! Nicht nur der Wolken wegen, die ihnen oft genug den Blick auf die „Objekte ihrer Begierde" versperren: Selbst bei klarem, wolkenlosem Himmel stört die Erdatmosphäre empfindlich bei nahezu allen Beobachtungen.

Klare Sicht nur aus dem All

Hauptärgernis ist die sogenannte Luftunruhe. Sie ergibt sich zwangsläufig daraus, dass der Erdboden tagsüber von der Sonneneinstrahlung erwärmt wird und warme Luft – weil leichter als kältere Luft – aufsteigt. Das alleine macht zwar noch keine Störung, aber solche Warmluftblasen wirken wie optische Linsen: Sie lenken das durchscheinende Licht geringfügig vom geradlinigen Weg ab. Durch die Luftunruhe beginnen die Sterne zu flimmern.

Das mag vielen Gelegenheits-Sternguckern als romantisch erscheinen, verschmiert aber den Himmelsfotografen die feinen Details, auf die es ankommt. Wirklich scharfe Aufnahmen der himmlischen Objekte sind vom Erdboden aus unmöglich, sofern man nicht durch extrem aufwändige technische Maßnahmen gegenzusteuern versucht. Darüber

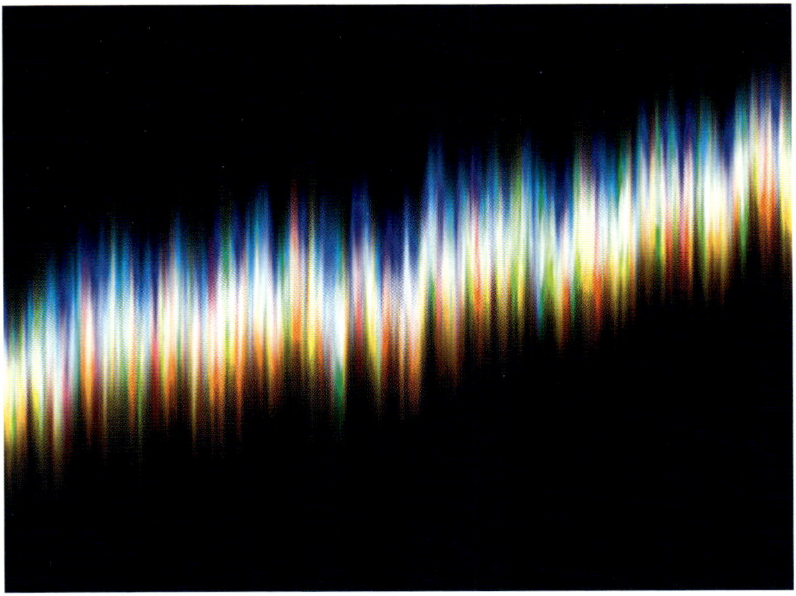

Strichspur des Sterns Sirius: Ohne störende Atmosphäre würde Sirius bei einer Langzeitbelichtung als eine dünne, gerade Linie auf dem Foto erscheinen. Die Lichtablenkung durch aufsteigende Warmluftblasen lässt den Stern auf und ab tanzen, und weil dieser Effekt auch noch wellenlängenabhängig ist, funkelt der Stern dabei in den unterschiedlichsten Farben. Über weite Teile der Strichspur addieren sich diese Farben zu weißem Licht auf, so dass nur die äußersten Spitzen oben bläulich und unten rötlich erscheinen.

hinaus blendet die eingangs erwähnte Schutzfunktion der Atmosphäre wichtige Informationskanäle einfach aus.

Entsprechend groß ist das Interesse der Astronomen an einem Beobachtungsplatz jenseits der Atmosphäre, wie ihn das Hubble-Weltraumteleskop seit Anfang der 1990er Jahre bietet. Und entsprechend stark war auch ihr Wunsch, dieses Teleskop zumindest noch so lange betriebsfähig zu halten, bis das Nachfolgeprojekt, das James-Webb-Space-Telescope, vielleicht ab 2015 seine Erfolgsgeschichte fortsetzen kann. Ob diese Hoffnung in Erfüllung geht, werden die nächsten Jahre zeigen.

21 › Wer hat eigentlich die Sternbilder erfunden?

Leider lässt sich diese Frage nicht allgemeingültig beantworten, weil unterschiedliche Kulturkreise zum Teil recht verschiedene „Ansichten" vom Sternenhimmel entwickelt haben. Chinesische Sternbilder zum Beispiel fassen ganz andere Sterne zusammen, und auch die Sternbilder der australischen Ureinwohner haben nichts mit den uns bekannten Figuren gemein.

Beschränkt man sich aber auf die heute international gebräuchlichen 88 Sternbilder, die vor rund 90 Jahren von der Internationalen Astronomischen Union festgeschrieben wurden, so stammen 48 von ihnen aus einem Katalog, den der griechische Astronom Claudius Ptolemäus vor rund 1850 Jahren aufgelistet hat. Viele dieser Figuren sind aber wesentlich älter und waren in ihrer heutigen oder einer vergleichbaren Form schon vor mehr als 4000 Jahren den Sumerern des Zweistromlandes vertraut.

Ursprünglich als Kalendermarken gedacht, an denen man den Fortgang der Jahreszeiten verfolgen konnte, entwickelten diese Bilder bald ein „Eigenleben", das – passend zum jeweiligen Kulturkreis – durch immer kunstvoller ausgeschmückte Geschichten und Märchen tradiert wurde. So wurden Kultobjekte verewigt, Ungeheuer verbannt oder Helden und Sagenfiguren an den Himmel entrückt. Zumindest die Sammlung der klassisch antiken Sternensagen liest sich streckenweise wie eine Klatschkolumne aus der Götterwelt des Olymp – gespickt mit Intrigen, Sex und Hochmut.

Junge Sternbilder am Südhimmel

Die 48 Sternbilder des Ptolemäus füllten naturgemäß den in nördlichen und mittleren Breiten sichtbaren Himmel. Als europäische Seefahrer vor mehr als 400 Jahren immer weiter nach Süden vorstießen, berichteten sie auch von fremden Sternen und Figuren. In der Folge schufen heimische Himmelskartografen, aber auch selbst nach Süden reisende Astronomen, viele neue Sternbilder oder füllten mit ihrer Fantasie Lü-

Eine reich geschmückte Sternkarte rund um das Sternbild Einhorn von Johann Elert Bode aus dem Jahr 1782.

cken zwischen den antiken Figuren. Hier ist vor allem Nicolas Louis de Lacaille zu nennen, der allein 14 neue Sternbilder schuf. Doch auch am Nordhimmel wurden manche neuen Figuren kreiert wie etwa die Giraffe, der Luchs oder das Einhorn, vor allem in Himmelsregionen mit vornehmlich lichtschwachen Sternen. Ein von Ptolemäus überliefertes Sternbild, das Schiff Argo, wurde wegen seiner Größe dagegen in drei kleinere Bereiche zerlegt: An Stelle des „gestrandeten" Schiffes sehen wir heute die Sternbilder Schiffskiel, Hinterdeck und Segel.

Heute kennen wir 88 Figuren am Himmel, vom Adler am Sommerhimmel bis zu den Zwillingen am Winterhimmel. Unter ihnen ist das Kreuz des Südens das vielleicht bekannteste, auf jeden Fall jedoch das flächenmäßig kleinste Sternbild – aber auch das einzige, das auf mehreren Nationalflaggen (von Australien bis Samoa) zu finden ist.

22 › Wo sind die Sterne tagsüber?

Eine vielleicht verblüffend naive Frage, und sie stammt gewiss auch aus einem Kindermund. Und doch kann die richtige Antwort manchen Erwachsenen in Bedrängnis bringen. „Sie sind untergegangen“, kann man da hören, oder „Sie schlafen“. Aber wo sind sie wirklich?

Nun, sie sind da, wo sie immer sind, aber tagsüber kann man sie nicht sehen. Denn die Atmosphäre, die nachts bei wolkenlosem Himmel so durchsichtig erscheint und den Blick auf den Sternenhimmel frei gibt, diese irdische Lufthülle ist tagsüber einfach zu hell und überstrahlt so das blasse Licht der Sterne (siehe auch „Warum ist der Himmel blau“ auf Seite 32). Die Sterne gehen gleichsam im Tageslicht unter, so wie die Halligen an der nordfriesischen Küste bei Sturmflut „Land unter“ melden.

Den Mond kann man oft schon mit bloßem Auge am Taghimmel beobachten. Er ist selbst als Halbmond oder Sichelmond hell genug, um sich gegen die helle Atmosphäre durchzusetzen. Aufmerksame Himmelsbeobachter erkennen den zunehmenden Mond schon am Nachmittag am Ost- oder Südhimmel oder den abnehmenden Mond vormittags im Süden oder Westen dem Untergang entgegen strebend.

Der blaue Himmel verschluckt die Sterne

Bei der Venus, dem nach Sonne und Mond dritthellsten Gestirn am irdischen Himmel, ist dies schon schwieriger. Mitunter ist auch sie so hell, dass sie selbst mit bloßem Auge am Taghimmel erspäht werden kann – vorausgesetzt, man weiß, wo man hinschauen muss. Aber da kann auch ein Trick helfen. Wenn die Venus zum Beispiel als „Morgenstern“ vor Sonnenaufgang am Osthimmel steht, kann man versuchen, sie am immer heller werdenden Dämmerungshimmel möglichst lange zu verfolgen. Mit etwas Übung gelingt dies auch über die Zeit des Sonnenaufgangs hinaus, und mit einem Fernglas bleibt sie noch zu erkennen, wenn man den Planeten mit bloßem Auge schon lange nicht mehr sehen kann.

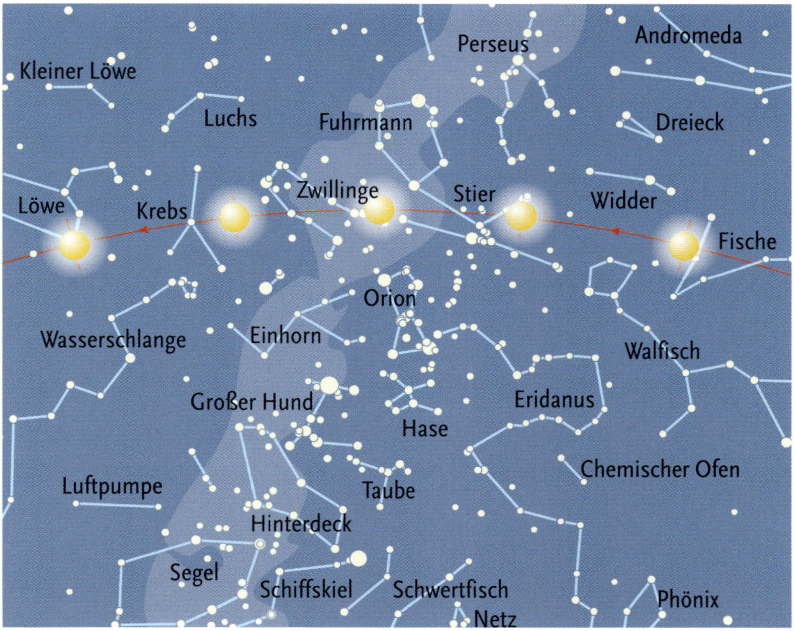

Tagsüber überstrahlt der blaue Himmel das schwache Leuchten der Sterne. So lässt sich die Wanderung der Sonne durch die Ekliptiksternbilder nur indirekt erschließen.

Ein mittleres Amateurfernrohr zeigt tagsüber auch hellere Fixsterne. Das ist möglich, weil beim Blick durch ein Teleskop mehr Sternenlicht auf die Pupille gebündelt wird. So erscheint das Sternenlicht gegenüber der Helligkeit des Taghimmels verstärkt. Technisch gesprochen wird beim Blick durchs Fernrohr das Signal-zu-Rauschen-Verhältnis erhöht.

Dass wirklich die Lichtstreuung in der Erdatmosphäre Schuld am Verschwinden der Sterne ist, können Astronauten bestätigen. Oberhalb der – in diesem Fall störenden – Lufthülle können sie die Sterne nämlich auch dann sehen, wenn die Raumstation über die Tagseite der Erde fliegt – vorausgesetzt, in der Kabine ist es dunkel, so dass sich keine Lichter in den dicken Scheiben der Stationsfenster spiegeln …

23 › Woher stammt das Wasser der Erde?

Wasser gilt als wesentliche Voraussetzung für die Entstehung und den Fortbestand von Leben. Da ist es ganz natürlich, dass sich die Forscher für den Ursprung des Wassers auf der Erde interessieren. Wie sie herausgefunden haben, ist es nämlich gar nicht selbstverständlich, hier überhaupt Wasser anzutreffen.

Folgt man den Vorstellungen, die inzwischen zur Entstehung der Planeten entwickelt wurden, so wuchsen die Erde und ihre Geschwister aus einer flachen Materiescheibe heran, die sich um die entstehende Sonne gebildet hatte. Weil aber zu diesem Zeitpunkt die Sonne schon als Stern erstrahlt war, dürfte die Materie in dieser Scheibe sehr unterschiedlich zusammengesetzt gewesen sein: Näher zur Sonne hin war die Temperatur hoch genug, um leicht flüchtige Substanzen wie Eis, Wasser und zahlreiche Gase verdampfen zu lassen; entsprechend gab es dort vor allem Gesteins- und Metallkörner, die langsam miteinander „verklebten", zu größeren Brocken heranwuchsen und sich schließlich über zahlreiche Kollisionen zu den erdähnlichen Planeten zusammenlagerten. Erst jenseits der sogenannten Frostgrenze im Bereich des heutigen Asteroidengürtels hatte Wassereis dauerhaft Bestand, noch weiter draußen auch Kohlendioxideis (Trockeneis), gefrorenes Ammoniak sowie weitere eisige Verbindungen. Tatsächlich enthalten Meteorite aus dem äußeren Bereich des Asteroidengürtels rund hundertmal mehr Wasser als solche aus dem inneren Teil.

Verborgen in fernen Kometen

Zwar stellt das Wasser der Erde nur rund 0,3 Promille der Erdmasse, doch selbst dieser geringe Anteil ist höher als man aufgrund des Temperaturverlaufs in der protoplanetaren Scheibe erwarten könnte. Die Erde muss ihr Wasser also zumindest teilweise auch noch aus anderen Quellen bezogen haben, vielleicht sogar erst lange nach ihrer Entstehung. Als wahrscheinlichste „Lieferanten" gelten Kometen aus dem Bereich jenseits der Neptunbahn, dem heutigen Kuipergürtel, sowie so-

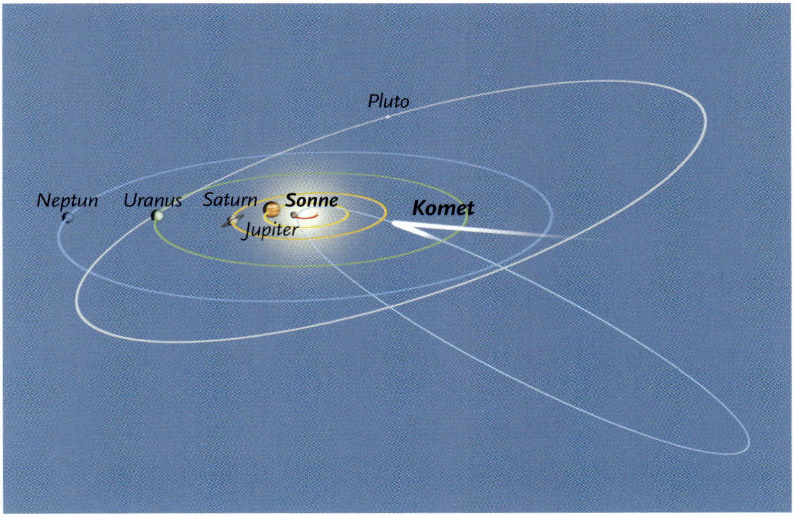

Der größte Teil des irdischen Wassers ist erst später auf die Erde gelangt – beim Zusammenprall mit Kometen und eishaltigen Asteroiden.

genannte Hauptgürtel-Kometen – eine Objektklasse, die erst in letzter Zeit entdeckt wurde.

Die Sonnensystemforscher haben auch ein Szenario geliefert, das für diese nachträgliche Bewässerung der Erde gesorgt haben könnte: Modellrechnungen zur langfristigen Entwicklung der Planetenbahnen zeigen, dass Saturn, Uranus und Neptun ursprünglich auf deutlich engerem Kurs um die Sonne gezogen sein dürften, während Jupiter anfangs etwas weiter von der Sonne entfernt war als heute (aber immer noch innerhalb der – damals eben kleineren – Saturnbahn).

Gegenseitige Bahnstörungen – vor allem mit den Resten der protoplanetaren Scheibe – haben dann dazu geführt, dass Saturn, Uranus und Neptun langsam nach außen drifteten, während Jupiter etwas näher an die Sonne heranrückte. Im Zuge dieses Prozesses sind zahlreiche eishaltige Brocken ins innere Sonnensystem geschleudert worden, wo ein Teil von ihnen mit der Erde zusammenstieß und dabei seine Wasserfracht „ablieferte".

24 › Warum gelten Kometen als Unglücksboten?

Wer schon einmal einen „ausgewachsenen“ Kometen mit langem Schweif gesehen hat, wird die Ängste unserer Altvorderen vielleicht unmittelbarer nachvollziehen können. Dabei war es nicht das Aussehen allein, das diese Ängste auslöste, sondern auch das – in früheren Zeiten – unvorhersehbare, plötzliche Auftreten dieser „Schweifsterne“ und ihr so ganz ungewohntes Verhalten am irdischen Himmel, das allen damals bekannten Regeln widersprach.

Diese Regeln waren den Menschen früher viel vertrauter und bewusster als uns heute. Schließlich war der Blick zum Sternhimmel bis zur Einführung elektrischer Straßenlaternen weitgehend ungetrübt, und ohne Fernsehen und andere Zerstreuungsmöglichkeiten blieb den Menschen viel Zeit, diesen Nachthimmel zu betrachten und zu ergründen. Da waren die Sternbilder, die jahrein, jahraus in gleicher Form über den Himmel zogen, und es gab einige helle Gestirne, die sich auf einem schmalen Pfad mit unterschiedlichen Geschwindigkeiten vor diesen Sternbildern bewegten. Dieser schmale Pfad, der auch von Sonne und Mond benutzt wurde, führte durch zwölf Sternbilder.

Abseits der bekannten Regeln

Zwölf Sternbilder waren es vermutlich deshalb, weil während eines Sonnenumlaufs oder Jahres der Mond zwölfmal – und dabei jedes Mal in einem anderen Sternbild – zum Vollmond heranwuchs und dann der Sonne am Himmel gegenüberstand. Dass man gelegentlich (im Schnitt alle drei Jahre) 13 Vollmonde zählen musste, um Sonnen- und Mondlauf wieder in Einklang zu bringen, könnte die Unglücksbedeutung der Zahl 13 erklären, weil sie die himmlische Ordnung durchbrach.

Eben dieses taten auch die Kometen: Während zumindest die Gelehrten die Bewegung der Planeten vorausberechnen konnten, tauchten Kometen plötzlich und unerwartet am Himmel auf und zogen dann auch noch auf „verbotenen“ Bahnen durch Sternbilder, die zum Teil weit abseits des Tierkreises lagen. Ein solches Verhalten musste jedem auf-

Das ungewöhnliche Aussehen und ihre ungewohnten Bahnen ließen Kometen unheimlich erscheinen und zu Unglücksboten werden.

fallen, der die „Zeichen des Himmels" verstand, und diese galten in der Regel als göttliche Zeichen. Schließlich glaubten viele Menschen damals, aus dem Lauf der Gestirne den Willen der Götter ablesen zu können – genau das hatten ihnen die Sterndeuter immer wieder eingeredet.

Völlig abwegig mag diese Vorstellung im Weltbild der Antike nicht gewesen sein, denn es bedurfte schon „übernatürlicher" Kräfte, die Planeten vor den Sternen im Hintergrund zu bewegen – mit rechten Dingen konnte dies kaum zugehen. So verwundert es also nicht, dass die Planeten mit verschiedenen Göttern in Verbindung gebracht und die unvermittelt auftretenden, „gar schröcklich" aussehenden Kometen mit ihrem auffallend regelwidrigen Verhalten als göttliche Unglücksboten oder zumindest Warnungen verstanden wurden.

25 › Was passiert während einer Mondfinsternis auf dem Mond?

Sonnenfinsternisse sind ein faszinierendes Naturphänomen. Früher sahen Menschen darin aber etwas Bedrohliches, denn die Sonne ist ein Licht- und Wärmespender, ohne die das Leben auf der Erde nicht gedeihen kann. Die Ursache einer Sonnenfinsternis ist inzwischen allgemein bekannt: Der Mond schiebt sich auf seiner Bahn um die Erde vor die Sonne und verdunkelt sie für einige Minuten. Sein Schatten trifft also auf die Erde und wandert darüber hinweg.

Der Mond umkreist die Erde einmal im Monat – doch warum ist nicht jeden Monat eine Sonnenfinsternis zu sehen? Das liegt daran, dass die Ebene der Mondbahn um die Erde gegenüber der Ebene der Erdbahn um die Sonne leicht geneigt ist. 5,1 Grad Unterschied in der Neigung der Bahnen führen dazu, dass der Mond mindestens zweimal im Jahr eine Sonnenfinsternis verursachen kann.

Dunkle Erde mit rotem Rand

Bei einer totalen Mondfinsternis gilt das gleiche Prinzip wie bei einer Sonnenfinsternis: Der Mond tritt auf seiner Bahn um die Erde in deren Schatten ein. Sonne, Erde und Mond befinden sich dann nahezu auf einer Linie und der Mond zieht durch den Halb- und Kernschatten der Erde hindurch. Weil der Durchmesser der Erde etwa viermal größer ist als der des Mondes, ist auch der Schatten der Erde viermal größer. Die Finsternis auf der Mondoberfläche dauert daher entsprechend länger.

Befänden sich zur Zeit der Mondfinsternis Astronauten auf dem Mond, dann würden sie jedoch keine vollständige Dunkelheit erleben – durch die Lichtbrechung an der Erdatmosphäre wird der Mond auch während einer Mondfinsternis in ein meist rötliches Licht getaucht. Die Astronauten würden dieses Spektakel aber anders erleben: als eine von der Erde verursachte Sonnenfinsternis – die Sonne verschwindet hinter der dunklen Erdscheibe. Beobachten also Erdbewohner eine Mondfinsternis, dann sehen „Mondbewohner“ gleichzeitig eine Sonnenfinsternis.

Eine Sonnenfinsternis vom Mond aus gesehen. Das Foto zeigt die letzten Sonnenstrahlen, bevor die Sonne hinter der dunklen Erdscheibe verschwindet. Wenn wir auf unserer Erde eine Mondfinsternis sehen, dann würde ein Raumfahrer auf dem Mond in diesem Augenblick stattdessen eine Sonnenfinsternis erleben. Wie die aussehen würde, haben die drei Apollo-Astronauten Conrad, Gordon und Bean während der Apollo-12-Mission erlebt. Sie konnten diese, von der Erde verursachte Sonnenfinsternis fotografieren und filmen, als sie am 21. November 1969 während des Rückflugs zur Erde mit ihrer Raumkapsel durch den Erdschatten flogen.

26 › Wie ist der Mond entstanden?

Vor über 40 Jahren, am 21. Juli 1969 um 3 Uhr 56 Minuten und 20 Sekunden Mitteleuropäischer Zeit, setzte Neil Armstrong als erster Mensch seinen Fuß auf den Mond – in den USA zeigte das Kalenderblatt noch den 20. Juli 1969. Alle sechs bemannten Mondlandungen fanden von 1969 bis 1972 statt und insgesamt zwölf Menschen, allesamt amerikanische Astronauten, betraten die Mondoberfläche. Von dort brachten sie insgesamt 382 Kilogramm Mondgestein zur Erde mit. Die Analyse dieses Gesteins sollte vor allem klären, wie der relativ große Erdmond entstanden ist.

Tatsächlich offenbarten die Gesteinsanalysen Schwächen der drei bis dahin konkurrierenden Theorien zur Entstehung des Mondes. Die „Geschwistertheorie" forderte, dass Mond und Erde fast gleichzeitig und in räumlicher Nähe zueinander entstanden sind. Nach der „Einfangtheorie" bildete sich der Mond fern der Erde und wurde bei einer nahen Begegnung mit der Erde von ihrer Anziehungskraft gebunden, ohne dass es zu einem Zusammenprall kam. Die „Abspaltungstheorie" ging von einer heißen, zähflüssigen und schnell rotierenden Urerde aus, von der sich ein riesiger „Tropfen" abschnürte, der später zum Mond wurde.

Der Mond – einst ein Trümmerhaufen

Die heute favorisierte Entstehungshypothese ist die „Kollisionstheorie". Sie erklärt bislang am besten, worin sich die Zusammensetzungen von Erdgestein und Mondgestein gleichen und unterscheiden. Der Kollisionstheorie zufolge streifte in der Frühzeit des Sonnensystems ein marsgroßer Himmelskörper die junge Erde. Dabei wurde Material aus dem Himmelskörper und aus dem Gesteinsmantel der Erde ins All geschleudert. Dieses sammelte sich dann ringförmig in einer nahen Erdumlaufbahn und verdichtete sich dort zum Mond. Von dort verlagerte der Mond im Laufe der Milliarden Jahre infolge der ihn abbremsenden Gezeitenkräfte seine Bahn bis auf den derzeitigen mittleren Abstand zur Erde von 384.000 Kilometer.

Eine gigantische Kollision führte zur Entstehung des Erdmondes.

Jahrzehntelang ging man davon aus, dass das Wasser der Urerde, das bei der Kollision mit herausgeschleudert wurde, infolge der enormen Temperaturen vollständig verdampfte, so dass der Mond quasi „staubtrocken“ ist. Neuere Analysen des Mondgesteins ergaben allerdings einen 100-fach höheren Wassergehalt, wie er vergleichbar in den obersten Gesteinsschichten des Erdmantels vorkommt. Sollte sich dieser Befund bestätigen, müsste die Kollisionstheorie möglicherweise verfeinert oder gar revidiert werden. Denkbar wäre, dass bei der Kollision nicht alles Wasser verdampfte oder erst später, beispielsweise durch Kometen, auf die Mondoberfläche befördert wurde. Wie der Mond entstand, ist also keineswegs restlos geklärt. Bestimmt werden zukünftige Mondmissionen noch manch Verblüffendes und viel Erhellendes zu einer schlüssigen Antwort beitragen.

27 › Hat der Mond eine dunkle Seite?

Die Rockband Pink Floyd hat sogar ein Album nach der dunklen Seite des Mondes benannt: „The Dark Side of the Moon". Doch in Wirklichkeit hat der Erdtrabant gar keine dunkle Seite – im Laufe eines Monats wird die gesamte Oberfläche des Mondes von der Sonne beschienen. Wenn der Mond zwischen Erde und Sonne steht, ist er von der Erde aus nicht sichtbar (Neumond), aber seine Rückseite wird voll beleuchtet.

Eigentlich macht es bei kugelförmigen Körpern wie dem Mond wenig Sinn, von Vorder- oder Rückseite zu sprechen – wo ist denn bei einem Fußball vorne? Tatsächlich ist aber der Erde immer dieselbe Seite, beziehungsweise dieselbe Hälfte des Mondes zugewandt, weshalb diese Hälfte als Vorderseite bezeichnet wird.

Die unsichtbare Rückseite

Warum bekommen wir jedoch immer nur eine Seite des Mondes zu sehen? So wie der Mond durch seine Anziehungskraft Ebbe und Flut auf der Erde verursacht, so wirkt auch die Schwerkraft der Erde auf den Mond – wegen ihrer 80-mal höheren Masse mit entsprechend größerer Kraft. Auf dem Mond gibt es zwar keine flüssigen Meere, die verschoben werden können, doch die Anziehungskraft der Erde reicht aus, um den Mond leicht zu deformieren. Das wiederum bremst die Rotation des Mondes, seine Drehung um sich selbst. Letztlich führt diese Bremsung dann zur sogenannten gebundenen Rotation: Für eine Drehung um sich selbst braucht der Mond genauso lange wie für einen Umlauf um die Erde – folglich zeigt der Mond der Erde immer dieselbe Seite.

Auch die Erdrotation wird durch den Mond abgebremst; aufgrund des Massenunterschiedes entsprechend langsamer. Vor 500 Millionen Jahren dauerte ein Erdentag nur circa 21 Stunden.

Was sich auf der Rückseite des Mondes, also seiner erdabgewandten Seite, verbergen könnte, darüber gab es in der Vergangenheit immer wieder wilde Spekulationen. 1959 machte dann die sowjetische Mondsonde Lunik 3 die ersten Bilder von der Mondrückseite. Die ersten Men-

Die (gar nicht dunkle) Rückseite des Mondes. Das Bild wurde von der Raumsonde Galileo aufgenommen, als sie 1990 am Mond vorbei flog. Dabei konnte Galileo die Mondoberfläche aus einem Blickwinkel betrachten, der von der Erde aus nicht möglich ist, weil der Mond der Erde stets die gleiche Seite zeigt.

schen, die sie mit bloßem Auge sehen konnten, waren 1968 die Astronauten der Mondmission Apollo 8. Wenig überraschend: Es fanden sich dort weder fremdartige Raumschiffe noch außerirdische Mondbasen.

28 › Wird der Mond eines Tages auf die Erde stürzen?

Zum Glück lautet die Antwort auf diese Frage „Nein", denn damit ist auch unter ungünstigsten Umständen nicht zu rechnen. Zwischen zwei massereichen Körpern wie Erde und Mond herrscht zwar eine starke Anziehungskraft; und wirkte sie allein, so würden beide Himmelskörper tatsächlich aufeinander stürzen. Der Anziehung wirkt aber die Zentrifugal- beziehungsweise Fliehkraft der Mondbewegung entgegen. Der Mond bewegt sich nämlich mit hoher Geschwindigkeit durchs All und würde sich aufgrund seiner Trägheit von der Erde entfernen, wenn er nicht durch die Anziehungskraft auf eine Bahn um die Erde gezwungen würde. Dieses Gleichgewicht der Kräfte könnte jedoch gestört werden.

Zum Beispiel ist vorstellbar, dass Luftwiderstand die Bewegung des Mondes abbremst. Unser Mond umkreist die Erde jedoch auf einer elliptischen Bahn mit einer mittleren Entfernung von 384.400 Kilometern, also mehr als dem 30-fachen des Erddurchmessers. Und in dieser Entfernung gibt es keine Reste der Erdatmosphäre und damit auch keine Luftreibung mehr.

Ein langsamer Abschied

Auch Asteroiden könnten den Mond mit seinem Durchmesser von 3500 Kilometern nicht auf die Erde umlenken. Ein solcher Asteroid müsste weit mehr als 1000 Kilometer groß sein. Die größten Asteroiden in Erdnähe, wie zum Beispiel Eros, haben aber höchstens einen Durchmesser von 30 Kilometern. Ceres, der mit etwa 1000 Kilometern Durchmesser größte Asteroid im Sonnensystem, befindet sich auf einer stabilen Umlaufbahn um die Sonne zwischen den Planeten Mars und Jupiter – er kann also nicht in Erdnähe gelangen. Außerdem würde bei einer solchen gewaltigen Kollision der Mond höchstwahrscheinlich zerstört werden. Allerdings hat die vom Mond verursachte Gezeitenwirkung auf die Erde (Ebbe und Flut) einen relevanten Effekt: Die entstehende Reibung verlangsamt die Erddrehung. Erde und Mond bilden ein System, in dem die

Ein ungleiches Paar: Im Foto sind zwei Aufnahmen von Erde und Mond montiert, die 1992 von der Raumsonde Galileo gemacht wurden. Die Durchmesser der Himmelskörper sind etwa im gleichen Maßstab abgebildet; der Mond ist aber in Wirklichkeit rund 30 Erddurchmesser von der Erde entfernt.

Stärke der Gesamtdrehung (der „Gesamtdrehimpuls“, bestehend aus der Rotation der beiden Körper und ihrer gemeinsamen Umkreisung) immer gleich bleibt. Da sich die Erdrotation verlangsamt, erhöht sich die Bewegungsenergie der Erde-Mond-Umkreisung – der Mond bewegt sich auf einer Spiralbahn ganz langsam von der Erde weg. Mit Lasern wurde eine jährliche Entfernungszunahme von etwa 3,8 Zentimetern gemessen. Nach Milliarden Jahren wird die Fortbewegung von der Erde zum Stillstand kommen, wenn die Rotationsperioden von Erde und Mond gleich lang geworden sind. Dann werden ein Tag und ein Mondumlauf um die Erde jeweils so lang sein wie etwa 50 heutige Tage.

29 › Woher stammen die Krater auf dem Mond?

Schon Galilei, der als einer der ersten den Mond mit einem Fernrohr beobachtete, erkannte mit seinem bescheidenen Instrument auf unserem Erdtrabanten etliche große „Löcher" – Mondkrater, über deren Ursprung die Astronomen lange Zeit rätselten. In Anlehnung an vergleichbare irdische Strukturen galten sie bis weit ins 20. Jahrhundert hinein als lunare Vulkankrater. Erst dann gewann die alternative Vorstellung, dass es sich in der überwiegenden Mehrzahl um Einschlagkrater handeln könne, zunehmend an Beachtung, und schließlich lieferten die Untersuchungen der von den Astronauten zur Erde gebrachten Mondproben auch den wissenschaftlichen Beweis: Der Mond muss – wie übrigens auch die Erde und alle anderen Objekte im Sonnensystem – im Laufe seiner langen Geschichte immer wieder von kleinen und größeren kosmischen Bomben getroffen worden sein.

Diese Einsicht passte zu der zeitgleich entwickelten Vorstellung über die Entstehung der Planeten im Sonnensystem. Demnach sollten sich aus der anfänglichen Gas- und Staubwolke in der Umgebung der heranwachsenden Sonne zunächst kleinere Gesteins- und Eisklumpen gebildet haben, die sich dann zu immer größeren Objekten zusammenlagern konnten und so schließlich Durchmesser von einigen Kilometern erreichten. Aus diesen Planetesimalen formten sich dann durch weitere „sanfte" Kollisionen noch größere Gebilde, die als Protoplaneten schließlich genügend Anziehungskraft besaßen, um auch weiter entfernte Materie anzuziehen und so ihr weiteres Wachstum zu beschleunigen.

Kosmische Kollisionen

Zwar ist der Mond nach allem, was wir derzeit wissen, erst einige Zehnmillionen Jahre nach der Bildung der Erde durch deren Zusammenstoß mit einem etwa halb so großen Protoplaneten entstanden, doch gab es auch danach noch genügend Planetesimale, die bei der vorausgegangenen Entstehung der Planeten übrig geblieben waren. Ein Teil von ihnen stürzte in der Folgezeit auf die bereits fertigen Himmelskörper herab

Mondkrater und -meere sind Spuren zahlloser Einschläge kleinerer und größerer Brocken auf dem Erdtrabanten.

und hinterließ in den erstarrenden Krusten jene auffälligen Spuren, die wir heute als Einschlagkrater auf dem Mond – und nicht nur dort – beobachten.

Bleibt noch die Frage, warum die Mondmeere – jene großen dunklen Flächen, die das Mondgesicht formen – deutlich weniger Krater enthalten als die übrigen Mondlandschaften. Sie können offenbar erst später entstanden sein, als nicht mehr so viele kosmische Bomben durchs Sonnensystems schwirrten. Man nimmt heute an, dass sie vor etwa 4,05 bis 3,85 Milliarden Jahren durch letzte sehr große Planetesimale geschlagen wurden, die aus dem äußeren Sonnensystem zu uns gelangten; in den darauffolgenden 750 Millionen Jahren wurden die Einschlagbecken allmählich wieder mit Lava aus dem Mondinneren aufgefüllt.

30 › Wie lange wird die Sonne noch scheinen?

Eine konstant strahlende, „intakte" Sonne ist für unser Überleben auf der Erde entscheidend. Doch die Sonne durchläuft einen bewegten Lebenszyklus, der von großen Veränderungen geprägt ist. Die Sonne entstand vor knapp fünf Milliarden Jahren, als sich eine ausgedehnte Gas- und Staubwolke aufgrund der eigenen Schwerkraft so sehr verdichtete, dass in ihrem Zentrum Wasserstoffkerne begannen, miteinander zu verschmelzen und dabei riesige Energiemengen freizusetzen.

Erfreulicherweise ist der Wasserstoffvorrat der Sonne so groß, dass sie noch weitere fünf Milliarden Jahre leuchten wird. Fatal für uns Erdbewohner ist allerdings, dass die Intensität der Sonnenstrahlung langsam aber stetig zunehmen wird. Bereits in zwei bis drei Milliarden Jahren werden die Ozeane verdampfen und Leben wird auf der Erde nicht mehr möglich sein.

Ungefähr an ihrem zehnmilliardsten Geburtstag, also in gut fünf Milliarden Jahren, wird der Wasserstoffvorrat im Kern der Sonne erschöpft sein und die Energieerzeugung sich in die äußeren Schichten verlagern. Dabei dehnt sich die Sonne aus und wird zu einem roten Riesenstern, der die sonnennächsten Planeten Merkur und Venus verschlingt. Im Ganzen wird unsere Sonne als „Roter Riese" aber deutlich an Masse verlieren – wegen ihrer starken Ausdehnung nimmt die Schwerkraft an ihrer Oberfläche ab und anders als heute kann reichlich Sonnenmaterie ins All strömen. Infolge des Masseverlustes werden die Planeten weniger stark angezogen und verlagern ihre Umlaufbahn um die Sonne nach außen. Die Erde wird allmählich dorthin wandern, wo heute der Planet Mars seine Bahn zieht.

Vom Roten Riesen zum Weißen Zwerg

Doch damit ist der Todesreigen der Sonne noch lange nicht zu Ende: Im Zentrum der roten Riesensonne hat sich Helium angereichert, das ab einer kritischen Menge beginnt, zu Kohlenstoff zu verschmelzen. Dabei wird die Sonne anfangs ein wenig schrumpfen, weil sie beim Zünden

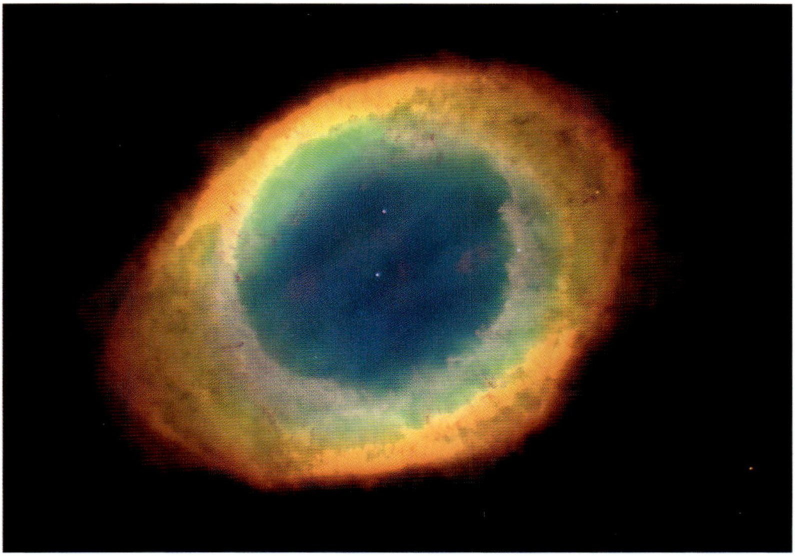

Der „Ringnebel" im Sternbild Leier – das Paradebeispiel für einen planetarischen Nebel. Diese Zukunft steht auch unserer Sonne bevor.

dieses Fusionsvorgangs zusammensackt. Gegen Ende des Roten-Riesen-Stadiums verlagert sich auch die Heliumfusionszone vom Sonnenkern nach außen und die Sonne bläht sich erneut auf. Schließlich versiegt auch die Fusion des Heliums und die Sonne bleibt ohne innere Energiequelle zurück. Somit fehlt die nach außen gerichtete Kraft des Strahlungsdrucks und die Sonne stürzt in sich zusammen. Bei diesem Kollaps wird die Sonnenoberfläche dermaßen aufgeheizt, dass sie sehr viel Ultraviolettstrahlung aussendet. Diese erhitzt die zuvor ins All geströmte Materie und regt sie zum Leuchten an – ein „planetarischer Nebel" entsteht. In seinem Zentrum wird die Sonne als weiß leuchtender Zwergstern verbleiben. Der sogenannte Weiße Zwerg hat lediglich die Größe der Erde, aber seine Materie ist dermaßen komprimiert, dass ein zuckerwürfelgroßes Stück eine Tonne wiegt. Im Laufe weiterer Milliarden Jahre kühlt der Weiße Zwerg langsam aus und wird zum „Schwarzen Zwerg" – dann ist unsere Sonne endgültig erloschen.

31 › Hat die Sonne eine Oberfläche?

„Ja, selbstverständlich", könnte man da antworten, „was für eine Frage!" Zu bedenken ist allerdings, dass unsere Sonne – wie alle anderen Sterne auch – eine Kugel aus heißem Gas ist. Der Gasball mit rund 1,4 Millionen Kilometern Durchmesser wird allein durch seine Schwerkraft zusammengehalten. Daraus folgt, dass die Sonne zumindest keine feste Oberfläche hat.

Allerdings erscheint uns die Sonne als leuchtende Kugel mit einem scharfen Rand. Ursache hierfür ist, dass das Sonnenlicht, das wir ohne Hilfsmittel sehen, aus einer relativ dünnen Schicht der Sonne stammt. Diese sogenannte Photosphäre ist nur wenige hundert Kilometer dick. Es macht also Sinn, von einer sichtbaren Oberfläche der Sonne zu sprechen.

Die obere Chromosphäre der Sonne mit ihren turbulenten Strukturen, aufgenommen von der Raumsonde SOHO.

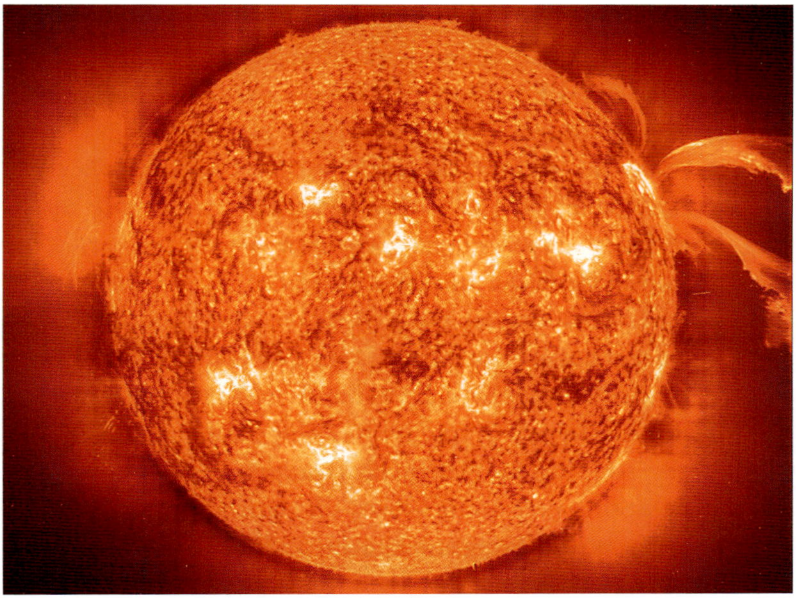

Verschiedene Schichten der Sonnenatmosphäre

Gar nicht mehr gleichmäßig rund sähe die Sonnenoberfläche aus, wenn unsere Augen Ultraviolett- und Röntgenstrahlung wahrnehmen könnten. Denn in diesem Strahlenbereich zeigt sich, wie das solare Magnetfeld die Sonnenatmosphäre täglich anders formt: Bewegte Strukturen auf der Sonnenoberfläche, Strahlungsexplosionen und Materieströme, die zehntausende Kilometer ins All hinaus rasen. Diese mit Ultraviolett- und Röntgenteleskopen beobachtbare Schicht der Sonnenatmosphäre liegt oberhalb der Photosphäre und heißt Chromosphäre.

Die äußerste Schicht der Sonnenatmosphäre, die Korona, ist nur bei einer totalen Sonnenfinsternis mit dem bloßen Auge sichtbar. Dann wird das Licht der viel helleren Photosphäre durch den Mond vollständig abgedeckt. Die Korona ist ein über eine Million Grad Celsius heißer „Strahlenkranz“ und hat meist eine asymmetrische Form.

Die Fotografie zeigt die Korona der Sonne, die für das bloße menschliche Auge nur während einer totalen Sonnenfinsternis sichtbar wird.

32 › Wieso hat die Sonne dunkle Flecken?

Dass ein himmlischer Körper wie die Sonne nicht makellos sein sollte – diese frevlerische Idee grenzte an Gotteslästerung und brachte dem Naturforscher Galileo Galilei (1564 – 1642) Ärger mit der katholischen Kirche ein. Dabei war er nicht einmal der Erste, der sich mit den dunklen Stellen auf der Sonnenoberfläche beschäftigte. Schon im Altertum wurden die schwarzen Flecken beschrieben. Seit der Erfindung des Teleskops Anfang des 17. Jahrhunderts wurden sie dann systematisch beobachtet.

Ursache der Sonnenflecken sind Temperaturunterschiede auf der Sonnenoberfläche. Permanent wirbelt heiße Materie aus dem Inneren der Sonne an die Oberfläche. Diese sogenannte Konvektion kann durch lokale Verstärkungen des Magnetfelds der Sonne behindert werden: Etwas kältere Stellen auf der Sonnenoberfläche entstehen und werden als Sonnenflecken sichtbar. „Etwas kälter“ bezieht sich auf die durchschnittliche Oberflächentemperatur von circa 5500 Grad Celsius. Der Kernbereich der Flecken (die Umbra) ist „nur“ etwa 4000 Grad Celsius heiß, der Randbereich (die Penumbra) gut 5000 Grad Celsius. Bei diesen Temperaturen sind auch die Flecken weiß glühend; der Temperaturunterschied bewirkt aber eine Filterung des Lichtes – die Flecken erscheinen schwarz.

Schwankende Anzahl der Sonnenflecken

Die Häufigkeit von Sonnenflecken hängt mit der Sonnenaktivität zusammen und ändert sich in einem elfjährigen Zyklus. Im Minimum des Sonnenfleckenzyklus sind oft monatelang keine Flecken zu sehen. Innerhalb eines Elf-Jahres-Zyklus ändern sich auch die räumliche Verteilung der Flecken auf der Sonnenoberfläche und ihre magnetische Ausrichtung. Die Flecken eines neuen Zyklus tauchen bei höheren solaren Breitengraden auf; gegen Ende des Zyklus treten sie bei niedrigeren Breitengraden auf. Zudem ändert sich nach jedem elfjährigen Zyklus ihre magnetische Ausrichtung. Folglich dauert ein vollständiger Sonnenfleckenzyklus eigentlich 22 Jahre.

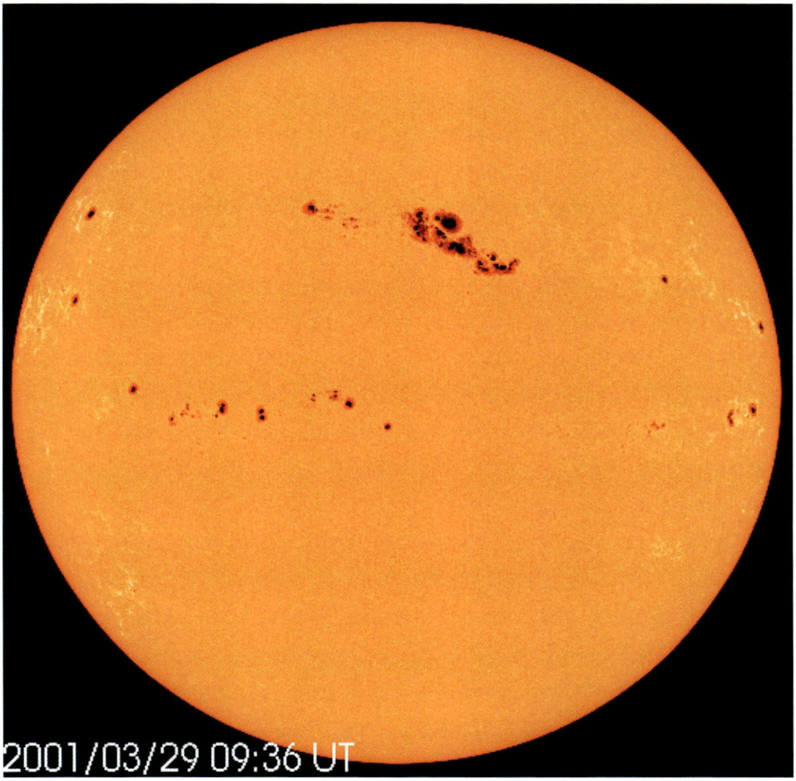

Die Sonnenoberfläche mit zahlreichen Sonnenflecken. Im März 2001 machte die Raumsonde SOHO (Solar and Heliospheric Observatory) diese Aufnahme der Sonnenoberfläche mit einer ungewöhnlich großen Anzahl von Sonnenflecken. Ursache der Sonnenflecken sind Temperaturunterschiede auf der Sonnenoberfläche, kältere Stellen erscheinen als schwarze Flecken.

Das nächste Maximum der Sonnenaktivität wird im Jahr 2013 erwartet. Ein Blick auf die SpaceWeather-Webseite (www.spaceweather.com) zeigt, wie viele Sonnenflecken derzeit auftreten. Spannend können eigene Beobachtungen durch ein Fernrohr sein. Hierzu ist aber unbedingt ein geeigneter Sonnenfilter notwendig, da ein ungeschützter Blick in die Sonne die Augen sofort schädigen wird.

33 › Woher stammt die Energie der Sonne?

Früher glaubten die Menschen, dass die Sterne des Himmels ewig leuchten würden. Im 19. Jahrhundert aber lernten die Physiker, dass Energie nicht aus dem Nichts geschaffen werden konnte, und damit stellte sich auch die Frage, woher die Sonne die Energie für ihr scheinbar „ewiges Licht“ nimmt.

Aus einem gewöhnlichen Feuer kann die Sonne ihre Energie nicht schöpfen. Selbst Steinkohle, der beste damals bekannte Energieträger, reichte dazu nicht aus, denn eine solche Steinkohlensonne könnte die erforderliche Energiemenge allenfalls für rund 5000 Jahre decken. Sie würde zwar das biblische Alter der Welt überdauern können, aber Geologen und Zoologen gingen schon damals von einem wesentlich höheren Alter der Erde aus.

Die vorgeschlagenen Alternativen wirken aus heutiger Sicht hilflos und bizarr. Während einige glaubten, das Sonnenfeuer werde durch den ständigen Aufprall von Meteoren, Kometen und Staubteilchen aufrecht erhalten, meinten andere, ein langsames Schrumpfen des Gasballs Sonne könnte dessen Wärmeabstrahlung decken. Die richtige Lösung wurde schließlich erst im 20. Jahrhundert gefunden.

Aus Materie wird Licht

Den Anfang machte Albert Einstein, der mit seiner berühmten Formel $E = mc^2$ zeigte, dass Masse und Energie ineinander umwandelbar sind. Wenig später präsentierte Ernest Rutherford sein Atommodell, das eine Betrachtung atomarer Vorgänge ermöglichte, und schließlich lieferten Werner Heisenberg, Max Born und Pascal Jordan einerseits sowie Ernst Schrödinger andererseits mit ihrer Quantentheorie das mathematische Rüstzeug zur quantitativen Beschreibung dieser Vorgänge.

Seit rund 80 Jahren sind die wesentlichen atomaren Reaktionsketten im Innern der Sterne in ihren Grundzügen verstanden: Vier Wasserstoffatomkerne (die zu Beginn eines Sternlebens mehr als 90 Prozent aller Atome eines Sterns ausmachen) verbinden sich unter Abgabe von

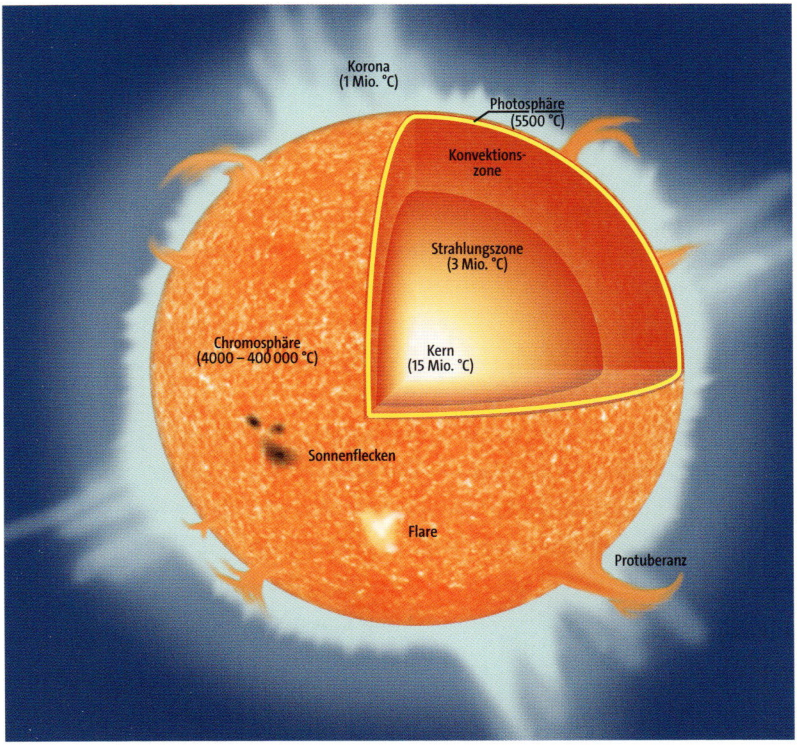

Die Sonne ist ein gewaltiger Fusionsreaktor, in dessen Kern pro Sekunde fast 600 Millionen Tonnen Wasserstoff in Helium umgewandelt werden.

Energie schrittweise zu einem Heliumatomkern. Dieser als Fusion bezeichnete Prozess setzt die eigentliche Sonnenenergie frei, denn ein Heliumatomkern enthält rund ein Prozent weniger Masse als vier einzelne Wasserstoffatomkerne.

Aus diesem Verständnis der Quelle der Sonnenenergie kann man berechnen, dass im Innern der Sonne in jeder Sekunde rund 600 Millionen Tonnen (!) Wasserstoff in Helium umgewandelt werden müssen, um die Energieabstrahlung der Sonne zu decken. So groß diese Zahl auch klingen mag: Seit ihrer Entstehung hat die Sonne durch diesen Prozess nicht einmal fünf Prozent ihrer anfänglichen Masse verloren.

34 › Warum ist Pluto kein Planet mehr?

Es geschah am 24. August 2006: Anstatt der bisher neun Planeten hatte unser Sonnensystem plötzlich nur noch acht – den Pluto gab es als Planet nicht mehr. Was war passiert?

Im August 2006 kamen Astronomen aus aller Welt auf der 26. Generalversammlung der Internationalen Astronomischen Union (IAU) in Prag zusammen. Dort ordneten sie unter anderem unser Planetensystem neu und stimmten über eine wissenschaftliche Planetendefinition ab. Eine Neuordnung war nötig geworden, weil immer mehr Himmelskörper jenseits Plutos Umlaufbahn entdeckt worden waren, die Plutos Größe erreichen. Stünde man auch diesen Körpern den Planetenstatus zu, hätte dies auf lange Sicht eine wahre Planetenflut zur Folge. Unter dem Vorsitz der bekannten Astronomin Jocelyn Bell erarbeiteten die Astronomen nun drei Kriterien, die ein Himmelskörper erfüllen muss, um als Planet zu gelten: Erstens muss der Körper auf einer kreisnahen Bahn die Sonne beziehungsweise einen Stern umrunden und darf selbst kein Stern sein. Zweitens muss er so viel Masse haben, dass er aufgrund der eigenen Schwerkraft kugelförmig geworden ist. Und drittens muss er seit seiner Entstehung die Umgebung seiner Umlaufbahn von kleineren Körpern frei geräumt haben.

Planeten, Zwergplaneten und Kleinplaneten

Das dritte Kriterium trifft auf Pluto nicht zu – doch weil er die ersten beiden erfüllt, ernannte man ihn zusammen mit Ceres, Eris, Makemake und Haumea (die letzten drei umrunden die Sonne außerhalb der Neptunbahn) zum „Zwergplaneten". Das aktualisierte Sonnensystem hat nun drei Planetenklassen. Die acht klassischen Planeten Merkur bis Neptun, eine langsam wachsende Zahl von Zwergplaneten und die unregelmäßig geformten Kleinplaneten. Einen neuen Merkspruch, um sich die Reihenfolge der acht Planeten (von der Sonne aus) einzuprägen, gibt es auch schon „**M**ein **V**ater **e**rklärt **m**ir **j**eden **S**onntag **u**nseren **N**achthimmel" – **M**erkur, **V**enus, **E**rde, **M**ars, **J**upiter, **S**aturn, **U**ranus, **N**eptun.

Die Abbildung zeigt von unten nach oben die Sonne und ihre Planeten. Rechts der Planeten sind mit Pluto und Ceres zwei der fünf Zwergplaneten zu sehen.

35 › Warum tanzen Planeten aus der Reihe?

Unser Sonnensystem ist in Bewegung – die Planeten umkreisen die Sonne und drehen sich gleichzeitig um sich selbst. Dieser kosmische Reigen geht auf die Entstehung des Sonnensystems vor etwa 4,6 Milliarden Jahren zurück. Damals zog sich eine riesige Gas- und Staubwolke, bestehend aus den Resten früherer Sterne beziehungsweise aus interstellarer Materie, aufgrund ihrer eigenen Schwerkraft immer weiter zusammen. Durch die ungleichmäßige Verteilung der Materie begann sich diese Wolke zu drehen und verformte sich zur Scheibe. In der Mitte dieser rotierenden Scheibe entstand unsere Sonne, weiter außen bildeten sich zahllose kleinere Objekte, die sogenannten Planetesimale. Aus ihnen entwickelten sich die Planeten, Monde, Asteroiden und Kometen.

Als sich Sonne, Planetesimale und später die Planeten bildeten, blieb der Drehimpuls der rotierenden Scheibe erhalten – zum Teil in der Rotation von Sonne und Planetesimalen, also in ihrer Drehung um die eigene Achse. Die Rotationsachsen von Sonne und Planetesimalen, also die Geraden, um die die Eigendrehungen erfolgen, standen damals theoretisch alle senkrecht zur Ebene der ursprünglichen Scheibe.

Kosmische Rempeleien

Aus den Planetesimalen im inneren Sonnensystem bildeten sich ungefähr einhundert Protoplaneten. Sie stießen zusammen und bildeten die Planeten, wie wir sie heute kennen. Diese Zusammenstöße in der Frühzeit des Sonnensystems kippten vermutlich die Rotationsachsen der Planeten aus der Senkrechten und verschoben die Bahnebenen der Planeten gegeneinander. Heute sind solche gewaltigen Zusammenstöße ausgeschlossen, weil es keine entsprechend großen Kollisionspartner mehr gibt. Die erdnahen Asteroiden und Kometen sind deutlich zu klein dafür. Auch die durch Nord- und Südpol verlaufende Rotationsachse der Erde steht nicht senkrecht auf der Erdumlaufbahn um die Sonne, sondern weicht um 23,45 Grad vom rechten Winkel ab. Diese Neigung verursacht die Jahreszeiten auf der Erde.

Die Rotationsachsen der acht Planeten. Die Illustration zeigt, dass die Rotationsachsen der Planeten unseres Sonnensystems unterschiedlich stark gekippt sind. Dies wurde wahrscheinlich durch Zusammenstöße der sogenannten Protoplaneten verursacht.

Besonders ungewöhnlich sind die Rotationsachsen von Venus und Uranus orientiert. Bei Venus ist die Rotationsachse um 177 Grad gekippt, was bedeutet, dass die Achse beinahe wieder senkrecht steht, allerdings kopfüber: Die Venus rotiert in entgegengesetzter Richtung und ein Venustag dauert etwas länger als ein Venusjahr. Bei Uranus beträgt die Neigung 98 Grad, so dass der Planet um die Sonne zu „rollen" scheint. Da seine Rotationsachse raumfest ist, steht die Sonne im Laufe eines Uranusjahres je einmal direkt über dem Nord- und dem Südpol.

36 › Warum sind nicht alle Himmelskörper kugelrund?

Für die Menschen in der Antike war der Himmel göttlichen Ursprungs und musste folglich in Aufbau und Form perfekt sein: Die Astronomen versuchten daher, in Himmelskörpern und ihren Bewegungen die perfekte geometrische Form zu entdecken: Kugel und Kreis. Sterne, Planeten und deren Monde sind uns auch heute als kugelförmige Körper bekannt. Kleinere Himmelskörper wie Asteroiden und Kometen sind jedoch oft unregelmäßig geformt und ihre Gestalt erinnert eher an die von Kartoffeln. Wie kommt es dazu?

Die Form eines Körpers wird durch die Wechselwirkung zwischen seiner Schwerkraft und seiner Festigkeit verursacht. Kleine Asteroiden und Kometen haben eine geringe Schwerkraft, die nicht ausreicht, ihre größeren Felsen in eine kugelförmige Verteilung zu zwingen.

Die Formen verschieden großer Himmelskörper im Vergleich. Die Abbildung ermöglicht den Größenvergleich der fünf Asteroiden Gaspra, Eros, Ida, Vesta, Ceres und des Planeten Mars (als Kreisschnitt am unteren Bildrand).

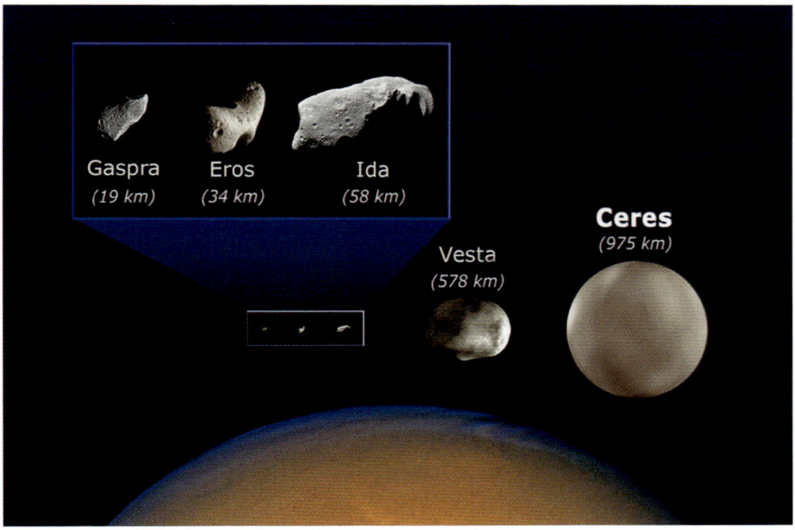

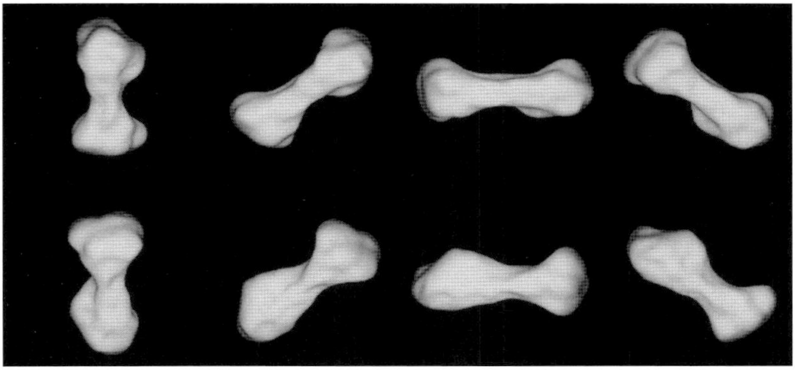

Der Asteroid 216 Kleopatra. Durch Radarmessungen konnte die Form dieses Asteroiden bestimmt werden. Da er relativ schnell rotiert, haben ihn die Zentrifugalkräfte zu einem „Knochen“ verformt.

Gravitation und Rotation sind der Schlüssel

Die Schwerkraft der deutlich größeren Monde und Planeten ist hingegen so stark, dass sie diese Himmelskörper zu Kugeln formt. Zwar gibt es auf der Oberfläche von Planeten immer noch Unebenheiten wie Berge und Täler – die werden aber mit zunehmender Gravitation immer kleiner. Abhängig von der jeweiligen materiellen Zusammensetzung des Himmelskörpers können schon einige hundert Kilometer Durchmesser ausreichen, damit er eine Kugelform erreicht – die größten Asteroiden Ceres und Vesta haben bereits eine ausgeprägte Kugelgestalt.

Auch die Rotation, also die Drehung um die eigene Achse, spielt für die Form von Himmelskörpern eine wichtige Rolle. Der Asteroid Kleopatra dreht sich beispielsweise in nur 5,3 Stunden einmal um sich selbst und hat deshalb die in die Länge gezogene Form einer Hantel: Er ist 217 Kilometer lang, während sein Durchmesser nur bei rund 90 Kilometern liegt. Auch die großen Planeten werden durch ihre Rotation verformt. Je schneller ein Planet rotiert, desto breiter wird er am Äquator und desto platter an den Polen. Selbst unsere Erde ist keine perfekte Kugel. Ihr Durchmesser ist zwischen den Polen 42,7 Kilometer kleiner als am Äquator.

37 › Warum ist die Venusoberfläche so heiß?

Venus und Merkur umrunden die Sonne noch innerhalb der Erdbahn. Da erscheint es ganz natürlich, dass es auf beiden Planeten heißer ist als auf der Erde. Normalerweise würde man daher erwarten, dass die Temperatur an der Merkuroberfläche höher ist als am Venusboden, doch gleich die erste erfolgreiche Planetensonde überhaupt, die amerikanische Mariner-2-Sonde, lieferte im Dezember 1962 erste Hinweise darauf, dass diese Vorstellung nicht der Wirklichkeit entspricht.

Als sowjetische Raumsonden in den 1970er-Jahren erstmals die Venusoberfläche erreichten und Daten von dort zur Erde übermittelten, staunten die Forscher nicht schlecht: Am Boden der dichten Venusatmosphäre herrscht eine Temperatur von etwa 475 Grad Celsius, und das sowohl auf der Tagseite als auch auf der Nachtseite des Planeten. Offenbar sorgt die dichte Atmosphäre (der Luftdruck an der Venusoberfläche ist so hoch wie auf der Erde der Wasserdruck in rund 900 Metern Wassertiefe) für einen beständigen Temperaturausgleich zwischen den beiden Hemisphären.

Warum aber konnte die Venusoberfläche so viel heißer sein als der heißeste Punkt auf Merkur, dessen Temperatur auf etwa 430 Grad Celsius geschätzt wurde? Schließlich ist Merkur im sonnennächsten Bahnpunkt nicht einmal halb so weit von der Sonne entfernt wie die Venus, ist dann also der mehr als fünffachen Sonneneinstrahlung ausgesetzt als jene. Und mehr noch: Die dichten Venuswolken aus Schwefelsäuretröpfchen sorgen dafür, dass drei Viertel des auftreffenden Sonnenlichtes dort schon in einer Höhe von rund 60 Kilometern reflektiert werden.

Treibhauseffekt beim Nachbarplaneten

Schließlich lieferten die Klimaforscher die Antwort, jene Wissenschaftler, die mit aufwändigen Modellen die zukünftige Entwicklung des Erdklimas abschätzen wollen, damals aber noch ihre eigenen, unerwarteten Ergebnisse infrage stellten. Sie hatten herausgefunden, dass der langsa-

Maat Mons, einer der größten Vulkane auf der Venus, hat zahlreiche Lavaströme hervorgebracht. Die virtuelle Ansicht wurde aus Radardaten der Raumsonde Magellan gewonnen.

me Anstieg des Kohlendioxidgehaltes in der Erdatmosphäre, der seit Beginn der Industrialisierung als Folge des rasch zunehmenden Verbrauchs an fossilen Brennstoffen registriert worden war, zu einer allmählichen Erwärmung der Erde führen würde.

Mit ihren Modellen konnten sie die Verhältnisse an der Venusoberfläche schnell als Folge eines immensen Treibhauseffektes identifizieren, der – vermutlich schon seit Jahrmilliarden – durch den hohen Kohlendioxidgehalt der Venusatmosphäre hervorgerufen wird. Damit wurde deutlich, dass ihre Überlegungen und Modelle durchaus zu überprüfbaren Ergebnissen führten und entsprechend auch ihre Prognosen für Entwicklung des Erdklimas so falsch nicht sein konnten.

38 › Wo findet man den höchsten Berg in unserem Planetensystem?

Der Olympus Mons (lateinisch für „Berg Olymp“) ragt 26 Kilometer hoch in die dünne Atmosphäre unseres Nachbarplaneten Mars empor. Damit ist er der höchste und mit fast 600 Kilometern Durchmesser auch der größte einzelne Berg im Sonnensystem. Als riesiger Vulkan spuckte er über Milliarden Jahre hinweg flüssiges Gestein aus dem Inneren des Roten Planeten. Einige Forscher mutmaßen, dass er auch heute noch aktiv sein könnte.

Olympus Mons ist dreimal so hoch wie der Mount Everest, der höchste Berg auf der Erde. Da ist man erst einmal darüber erstaunt, dass verglichen mit der Erde der erheblich kleinere Mars einen solch hohen Berg besitzt: Der Durchmesser des Mars ist nur ungefähr halb so groß und seine Masse beträgt nur etwa ein Zehntel der Erdmasse.

Auf dem kleinen Mars thront ein Superberg

Aber gerade wegen der relativ geringen Größe des Mars konnten seine Berge so sehr in eine Schwindel erregende Höhe wachsen. Aufgrund der deutlich kleineren Planetenmasse ist auch die Schwerkraft, sprich die Anziehung des Mars, viel geringer als die Erdanziehung. Aus dem gleichen Grund können Astronauten auf dem Mond so weite Sprünge machen – die Schwerkraft ist dort geringer und die Astronauten wiegen infolgedessen viel weniger als auf der Erde.

Auch ein Vulkanberg, der Lavaschichten aufeinander türmt, wiegt auf dem Mars weniger als ein gleich hohes Gebirgsmassiv auf der Erde. Die Gesteinsmassen eines marsianischen Bergs drücken also weniger stark auf die unter ihm liegenden Planetenschichten. Und solange der Planetenmantel das Gewicht des Bergs noch trägt, kann der Berg weiter in die Höhe wachsen. Gebirge auf Gesteinsplaneten mit geringer Masse können sich demnach höher auftürmen als Gebirge auf massereicheren Planeten. Voraussetzung dafür ist allerdings, dass der Planet in seinem Inneren noch aktiv ist.

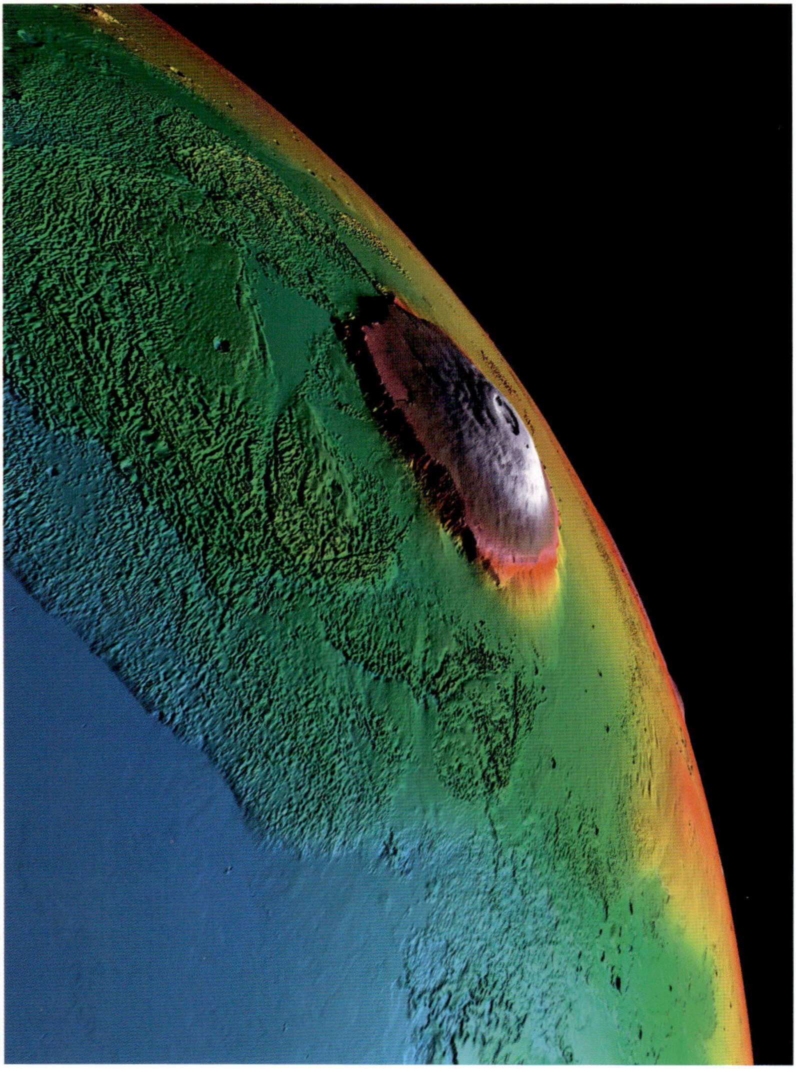

Der Berg Olympus auf dem Mars. Erst die sogenannte Falschfarbendarstellung macht deutlich, wie hoch sich der Olympus Mons über die Marsoberfläche erhebt. Gäbe das Bild die Farben so wieder, wie wir sie natürlicherweise mit unseren Augen sehen, so wären wegen der Gleichfarbigkeit des Marsgesteins die wirklichen Höhenverhältnisse nur schlecht abzuschätzen.

39 › Fehlt zwischen Mars und Jupiter ein Planet?

Schon in der Antike versuchten Wissenschaftler, im Bahnverlauf der Planeten Gesetzmäßigkeiten zu erkennen. 1766 entwickelte der Physiker und Mathematiker Johann Daniel Titius eine Formel, mit der sich die Abstände der Planeten zur Sonne (mit nur geringer Ungenauigkeit) herleiten lassen. Sie wurde durch den damaligen Direktor der Berliner Sternwarte Johann Elert Bode bekannt gemacht und wird daher „Titius-Bodesche Reihe" genannt.

Allerdings müsste es nach dieser empirischen, also aus Beobachtungen abgeleiteten, Formel zwischen Mars und Jupiter einen weiteren Planeten geben. Und so war diese Vorhersage ein Ansporn für viele Astronomen, dort nach einem bislang unbekannten Himmelskörper Ausschau zu halten. Im Wettbewerb mit anderen Astronomen entdeckte dann in der Nacht zum 1. Januar 1801 der italienische Astronom Giuseppe Piazzi im berechneten Abstandsbereich den vermeintlichen Planeten: Ceres.

Ein ganzer Schwarm von Kleinplaneten

Mit fast 1000 Kilometern Durchmesser ist Ceres jedoch deutlich kleiner als die übrigen Planeten, und bald wurden viele weitere, noch kleinere Himmelskörper (bis heute über 500.000) auf Bahnen zwischen Mars und Jupiter gefunden. Ceres verlor seinen Status als Planet und wurde wie die anderen kleinen Körper als Planetoid oder Asteroid bezeichnet, was „planetenähnlich" beziehungsweise „sternenähnlich" bedeutet.

Auch die Annahme, dass er das Trümmerstück eines größeren Planeten sei, stellte sich als falsch heraus. Inzwischen weiß man, dass es nie einen richtigen Planeten an dieser Stelle gegeben hat. Dieser hätte dort auch gar nicht entstehen können, da durch die Schwerkraft des größten Planeten Jupiter die Asteroiden laufend in ihrer Bahn gestört wurden und so nie einen großen Planeten bilden konnten.

Manche kleine Planetoiden haben sich seit ihrer Entstehung vor etwa 4,6 Milliarden Jahren kaum verändert. Andere verschmolzen zu größe-

Erde, Mond und Ceres im Größenvergleich. Die maßstabsgetreue Fotomontage zeigt den Planeten Erde, den Erdmond und den Asteroiden Ceres. Letzterer gehört seit August 2006 zur Klasse der Zwergplaneten.

ren Körpern wie Ceres. Der gehört seit 2006 immerhin zur neu eingeführten Klasse der Zwergplaneten.

40 › Wo dauert ein Sturm mehrere Jahrhunderte?

Die längsten dokumentierten Stürme auf der Erde dauerten bis zu fünf Wochen. Im Jahr 2008 beobachteten Astronomen auf dem Saturn einen Sturm, der mehr als fünf Monate wütete. Auf Jupiter jedoch entdeckten Naturforscher schon im 17. Jahrhundert ein riesiges, rotes „Auge", das bis heute niemals verschwand: Der sogenannte Große Rote Fleck wird seitdem beobachtet und ist bereits mit Amateurteleskopen zu erkennen. Tatsächlich handelt es sich um einen gewaltigen Wirbelsturm in der Atmosphäre des Jupiter; dieses größte Sturmgebiet in unserem Sonnensystem ist breiter als der doppelte Erddurchmesser.

Jupiter selbst ist der größte Planet im Sonnensystem. Er ist ein sogenannter Gasplanet, der zum überwiegenden Teil aus Wasserstoff und Helium besteht und darum keine sichtbare feste Oberfläche hat.

Ein Planet mit stürmendem Farbspektakel

In Jupiters Atmosphäre sind die Wolkenschichten in ständiger Bewegung. Ihre lebhaften Farben reichen von Weiß, Orange und Gelb bis Braun und resultieren vermutlich aus chemischen Reaktionen von Spurengasen mit Kohlenwasserstoffen, Phosphor und Schwefel, dessen Verbindungen eine Vielfalt von Farben zeigen. Die Färbung des Großen Roten Flecks ist wahrscheinlich auf Phosphor zurückzuführen.

Bislang ist nicht geklärt, wieso der Riesensturm auf der Südhemisphäre des Jupiter so langlebig ist. In seinem Inneren wehen die Winde mit Geschwindigkeiten von bis zu 400 Kilometern pro Stunde. Möglicherweise hält das Verschlingen kleinerer Sturmsysteme den Großen Roten Fleck über so lange Zeit hinweg in Gang. Darauf weisen jedenfalls Beobachtungen und Computersimulationen hin.

Der „Große Rote Fleck" ist ein riesiger Wirbelsturm in der Atmosphäre des Jupiter. Diese Aufnahme machte die Raumsonde Voyager 1 im Jahr 1979, als sie sich in neun Millionen Kilometern Entfernung vom Jupiter befand.

41 › Wie kam Saturn zu seinen Ringen?

Bereits im 17. Jahrhundert wurde das Ringsystem des Planeten Saturn mit Hilfe der ersten Teleskope entdeckt. Der französische Astronom Giovanni Domenico Cassini vermutete bald, dass sich die Ringe aus einzelnen Partikeln zusammensetzen. In der Tat bestehen die Saturnringe nicht aus einem festen Stück, sondern aus Eisbrocken und Gestein, die den Saturn umkreisen. Die Größe der Partikel reicht von Staubkörnern bis zu mehreren Meter großen Felsen. Zwischen den Ringen befinden sich unterschiedlich große Lücken. In manchen dieser Lücken umkreisen kleinere Monde den Saturn. Die Dicke der Ringe beträgt nur etwa zehn bis 100 Meter, obwohl der äußere Ring einen Durchmesser von fast einer Million Kilometer hat.

Über den Ursprung der Saturnringe wird noch diskutiert, aber Modellrechnungen und Messungen der nach Cassini benannten Raumsonde legen nahe, dass das Ringsystem bereits bei der Bildung des Sonnensystems vor rund 4,6 Milliarden Jahren aus einer Staub- und Eiswolke entstand.

Von der Erde aus gesehen erscheinen die Saturnringe im Laufe von Jahren unterschiedlich stark geneigt.

Eine Raumsonde bringt Neuigkeiten

Wie die Aufnahmen der Cassini-Sonde zeigen, werden die Ringe zudem laufend mit Material von einigen der Monde gespeist, die in den Ringlücken den Saturn umkreisen. Zum Beispiel verteilt ein kleiner Mond sein Material entlang seiner Umlaufbahn und bildet auf diese Weise den sogenannten G-Ring. Der E-Ring wird vom Mond Enceladus gespeist. Beobachtungen – ebenfalls von der Raumsonde Cassini – zeigen, dass Geysire auf Enceladus salzhaltige Eispartikel ins All schleudern, die in den E-Ring wandern und sich dort ansammeln. Man vermutet daher, dass sich unter der Oberfläche von Enceladus ein Ozean verbirgt.

Die Ringe des Saturn wurden in der Reihenfolge ihrer Entdeckung benannt und werden von innen nach außen als D-, C-, B-, A-, F-, G- und E-Ring bezeichnet.

Die Ringe des Saturn. Die dem Bild zugrunde liegenden Einzelaufnahmen machte die Raumsonde Cassini am 19. Januar 2007. Um auch den dunklen Teil der Ringe abzubilden, wurden Belichtungszeiten verwendet, die den Saturn selber überbelichtet beziehungsweise weiß darstellen. Ein Teil der Ringe liegt in Saturns Schatten.

42 › Wie wurde der Planet Neptun entdeckt?

Seit Menschengedenken kannten die Himmelsbeobachter sieben Wandelsterne – Himmelsobjekte, die sich vor dem Hintergrund der zu Sternbildern gruppierten Fixsterne bewegten. Neben den auch heute noch als Planeten bezeichneten Geschwistern der Erde – Merkur, Venus, Mars, Jupiter und Saturn – wurden aufgrund ihrer Bewegung auch Sonne und Mond dazu gerechnet.

Dabei ahnten bereits die Griechen der Antike, dass es sich bei diesen sieben Objekten kaum um gleichrangige Körper handeln konnte. So war schon vor mehr als 2000 Jahren klar, dass der Mond kein eigenes Licht ausstrahlte, sondern nur im Licht der Sonne zu sehen war. Diese Abhängigkeit vom Sonnenlicht zeigt sich in den ständig wechselnden Mondphasen und den gelegentlich auftretenden Mondfinsternissen. Nachdem die antike Vorstellung von der „im Mittelpunkt ruhenden" Erde zu Beginn des 17. Jahrhunderts aufgegeben werden musste, erfuhr auch der Begriff Planet einen Bedeutungswandel. Fortan ging es nicht mehr um Objekte, die sich am irdischen Himmel bewegen, sondern um solche, die um die Sonne als neuem Zentrum ziehen. Damit schieden Sonne und Mond aus, während die Erde als dritter Planet neu dazu kam. Mit dem etwa zur gleichen Zeit erfundenen Fernrohr sahen die Astronomen erstmals auch solche Gestirne, die aufgrund ihrer geringen Helligkeit der Beobachtung mit bloßem Auge verborgen geblieben waren. So war es nur eine Frage der Zeit, bis auch weitere Planeten gefunden wurden.

Zwei neue Planeten

Im März 1781 stieß Wilhelm Herschel bei der Überprüfung einer neuen Sternkarte auf ein Objekt, das in seiner Karte nicht verzeichnet war. Stattdessen bewegte es sich von einem Abend zum nächsten langsam vor den Hintergrundsternen. Herschel ließ sich aber erst nach langem Zögern davon überzeugen, dass er keinen Kometen, sondern einen Planeten jenseits des Saturn gefunden hatte. Dieser siebte Planet erhielt schließlich den Namen Uranus.

In der Folgezeit verhielt sich dieser neue Planet allerdings ziemlich ungewöhnlich. Da die Astronomen mittlerweile – dank Newtons Gravitationsgesetz – gelernt hatten, die Bahnen und die daraus abgeleiteten Positionen der Planeten sehr genau zu berechnen, stellten sie unerwartet zwischen vorausberechneter und beobachteter Position des Uranus eine zunehmende Diskrepanz fest. Bis 1840 war diese Abweichung auf 1,5 Bogenminuten angewachsen – zwar nicht wirklich groß, aber zu groß, um als Beobachtungsfehler abgetan werden zu können. Dafür gab es nur zwei mögliche Erklärungen: Entweder war Newtons Gravitationsgesetz falsch oder jenseits der Uranusbahn gab es noch einen weiteren, bislang unentdeckt gebliebenen Planeten, der die Bewegung des Uranus störte. Mitte der 1840er-Jahre machten sich der Franzose Urbain Jean Joseph Le Verrier und der Engländer John Couch Adams daran, aus den Störungen der Uranusbewegung die Position dieses achten Planeten zu berechnen. Während Adams niemanden fand, der an der von ihm angegebenen Position nach einem unbekannten Objekt Ausschau hielt, wandte Le Verrier sich an Johann Gottfried Galle von der Berliner Sternwarte. Zusammen mit seinem Assistenten Heinrich Louis d'Arrest fand dieser den neuen Planeten am 23. September 1846 unweit der von Le Verrier vorausberechneten Position.

Der sonnenferne Planet Neptun erhielt erst einmal Besuch von der Erde, als Voyager-2 den „blauen Planeten" im August 1989 passierte.

Wie sich inzwischen herausgestellt hat, wurde Neptun bereits im Januar 1613 von Galileo Galilei beobachtet, ohne dass dieser seine Planetennatur bemerkt hätte. So ist es nur der Unachtsamkeit Galileis zu verdanken, dass die Himmelsmechanik im Herbst 1846 einen entscheidenden Triumph feiern konnte …

43 › Woher kommen die Kometen?

Kometen gelten seit Mitte des vergangenen Jahrhunderts als Ansammlungen von Eis und Staubkörnern. Damals entwickelte der amerikanische Astronom Fred Whipple zur Erklärung ihrer Erscheinungsform und ihres Verhaltens die Vorstellung vom „schmutzigen Schneeball“. Wenn ein solches Objekt auf seiner zumeist stark elliptischen Bahn in die Nähe der Sonne kommt und von ihren Strahlen erwärmt wird, verdampft das Eis unter der Oberfläche, dringt durch Risse und Spalten nach außen und strömt davon.

Kometen sind also vergängliche Objekte, die sich im Laufe der Zeit auflösen. Aus der Menge des abströmenden Materials kann man abschätzen, dass ein mittelmäßig aktiver Komet während einer Annäherungsphase an die Sonne einige Meter an Durchmesser verliert. Das heißt, dass er bestenfalls einige tausend Umläufe „überlebt“. Selbst der Komet Halley, der immerhin 76 Jahre für einen Umlauf benötigt, kann sich daher nicht seit 4,5 Milliarden Jahren auf seiner heutigen Bahn bewegt haben.

Besucher vom Rande des Sonnensystems

Seit längerem vermuten die Astronomen, dass es mehrere Kometenreservoire geben muss. Untersuchungen der Bahnen langperiodischer Kometen führten Jan Hendrik Oort bereits Mitte des 20. Jahrhunderts zu der Hypothese, das Sonnensystem sei von einer Wolke aus Kometenkernen umgeben, die sich etwa ein bis anderthalb Lichtjahre nach draußen erstreckt. Entstanden ist diese „Oortsche Wolke“ vermutlich in der Frühphase des Sonnensystems, als die äußeren Planeten ihre heutigen Umlaufbahnen noch nicht erreicht hatten und auf dem Weg dorthin einen Teil der sie umgebenden Eis- und Gesteinsbrocken als „schlummernde“ Kometenkerne nach außen schleuderten. Gelegentlich wird diese Oortsche Wolke durch einen nahe vorbeiziehenden Stern „aufgemischt“, und dann machen sich etliche „neue“ Kometen auf den Weg ins innere Sonnensystem.

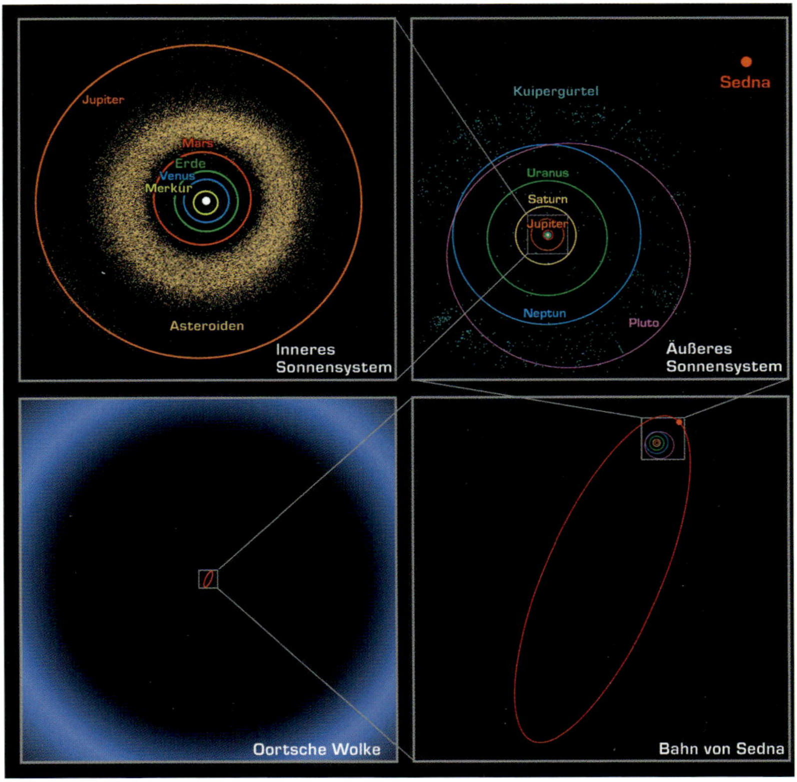

Die Oortsche Wolke umgibt das Sonnensystem wie eine gewaltige Schale; selbst das Objekt Sedna bewegt sich noch weit innerhalb.

Als wichtigste Nachschubquelle für kurzperiodische Kometen (mit Umlaufzeiten von bis zu 200 Jahren) gilt jedoch der Kuipergürtel, der sich heute jenseits der Neptunbahn erstreckt. Hier sind seit 1992 mehr als tausend kleinere und größere Brocken auf Bahnen um die Sonne gefunden worden. Darüber hinaus sind etliche Objekte auf mutmaßlichen Übergangsbahnen bekannt, die Zentauren, die zwischen dem Kuipergürtel und dem Asteroidengürtel hin und her pendeln, auf lange Sicht also von Jupiter oder Saturn auf eine engere Bahn umgelenkt werden können.

44 › Wie kann man Himmelskörper wiegen?

Die Erde bestimmt mit ihrer Anziehungskraft unser Gewicht. Auf dem kleineren Mond konnten die Astronauten viel größere Sprünge machen als auf der Erde. Aber woher wissen wir eigentlich, wie viel Masse die Erde in sich vereint, und wie kann man die Masse ferner Himmelskörper bestimmen?

Eine Methode zur Berechnung von Massen liefert das Gravitationsgesetz von Isaac Newton, das 1687 in gedruckter Form erschien. Dieses „universelle" Gesetz, das sowohl auf der Erde als auch im Weltall Gültigkeit hat, macht die Anziehungskraft zwischen zwei Körpern abhängig von ihren Massen und dem Quadrat ihres gegenseitigen Abstandes. Eine Verdopplung der Masse verdoppelt auch die Anziehungskraft, eine Verdopplung des Abstands dagegen lässt sie auf ein Viertel schrumpfen. Und weil von der Anziehungskraft abhängt, wie schnell ein Himmelskörper einen anderen umrunden muss, um nicht auf ihn zu stürzen, liefern Abstand und gegenseitige Umlaufzeit ein Maß für die beteiligten Massen: Je größer die Massen, desto schneller muss ein Planet oder Mond oder künstlicher Satellit bei gleichem Abstand um seinen Zentralkörper herumlaufen. So braucht der Mond, der rund 384.000 Kilometer von der Erde entfernt ist, für einen Umlauf um die Erde 27 Tage, sieben Stunden und 43 Minuten. Der Jupitermond Io dagegen, der mit 422.000 Kilometern Abstand sogar noch etwas weiter vom Jupiter entfernt ist, schafft einen Umlauf in einem Tag, 18 Stunden und 27 Minuten – Jupiter muss also deutlich mehr Masse beinhalten als die Erde.

Exakte Werte nur mit Gravitationskonstante

Dabei liefert das Gravitationsgesetz Newtons für sich genommen keine absoluten Angaben, sondern nur Verhältniswerte. So weit war auch schon der deutsche Mathematiker und Astronom Johannes Kepler ein paar Jahrzehnte zuvor gekommen, als er fand, dass es eine Beziehung zwischen dem Sonnenabstand eines Planeten und seiner Umlaufzeit gibt. Um absolute Größen ermitteln zu können, muss der Wert der uni-

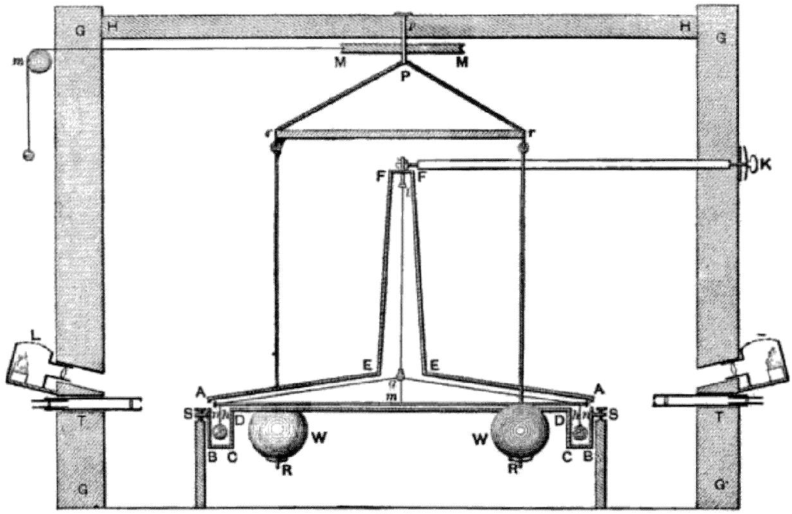

Fig. 1

Henry Cavendish bestimmte die Gravitationskonstante anhand der Kraft, die zwei 30 Zentimeter große, jeweils 158 Kilogramm schwere Bleikugeln (W) auf zwei fünf Zentimeter große, 730 Gramm schwere Bleikugeln ausübten. Durch die Anziehung wurden die Enden des 1,8 Meter langen Tragbalkens (m) um 4,1 Millimeter verdreht. Zum Schutz vor störenden Luftströmungen und Temperaturschwankungen baute er die Waage in einen großen Holzkasten und bestimmte die Drehung des Balkens von außen mit zwei Messteleskopen (T).

versellen Gravitationskonstanten bekannt sein, die gleichsam den Kurswert bei der Umrechnung zwischen Abstand und Umlaufzeit einerseits und der Masse des Zentralkörpers andererseits angibt. Eine entsprechende Messreihe des Engländers Henry Cavendish gegen Ende des 18. Jahrhunderts gehört noch heute zu den klassischen Versuchen des Physikunterrichtes.

Mit Hilfe dieser Gravitationskonstanten sowie der Umlaufzeit und dem Abstand eines beliebigen Objektes lässt sich heute die Masse eines jeden Zentralkörpers bestimmen: So besitzt die Erde eine Masse von 5,977 Trilliarden Tonnen, während die Masse der Sonne mit 1,989 Quadrilliarden Tonnen etwa 333.000-mal so groß ist.

45 › Wann flog der erste deutsche Satellit ins All?

Am 8. November 1969 um 2.52 Uhr Mitteleuropäischer Zeit (bzw. am 7. November um 17.52 Uhr Ortszeit) hob eine vierstufige amerikanische Scout-B-Trägerrakete vom kalifornischen Raketenstartgelände Vandenberg Air Force Base ab. An Bord war der erste deutsche künstliche Raumflugkörper – der Forschungssatellit AZUR.

Der erfolgreiche Start und Betrieb von AZUR war ein großer technologischer Fortschritt für die deutsche Weltraumforschung und machte nun auch Deutschland zur Raumfahrtnation – bis dahin hatten nur die Sowjetunion, die USA, Frankreich, Großbritannien, Italien, Kanada, Japan und Australien eigene Satelliten.

AZUR – auch „German Research Satellite 1" (GRS-1) genannt – hatte eine Masse von 72,6 Kilogramm, eine Länge von 115 Zentimetern und einen Durchmesser von 66,2 Zentimetern. Er wurde in eine stark elliptische Umlaufbahn gebracht, die über die Pole der Erde führte. Der erdnächste Punkt (Perigäum) seiner Umlaufbahn war 391 Kilometer von der Erde entfernt, der erdfernste Punkt (Apogäum) 3228 Kilometer. AZURs Bahnneigung zum Äquator (Inklination) betrug 102,9 Grad, die Umlaufzeit 122,7 Minuten.

233 Tage im Einsatz

Um sieben ausgewählte Experimente durchzuführen, befanden sich an Bord von AZUR wissenschaftliche Geräte mit einer Gesamtmasse von 17 Kilogramm. Sie dienten der Untersuchung der kosmischen Strahlung, ihrer Wechselwirkung mit der Magnetosphäre der Erde, mit der Hochatmosphäre und insbesondere mit dem inneren Van-Allen-Strahlungsgürtel sowie zur Erforschung der Polarlichter und der Veränderungen des Sonnenwindes bei Sonneneruptionen.

Am 29. Juni 1970 brach die Verbindung zu AZUR aus unbekannten Gründen ab. Vermutet wird, dass Strahlung den Datensender beschädigte. Mit 233 Tagen im All wurde die geplante Lebensdauer von einem Jahr zwar nicht erreicht, aber das Projekt war wissenschaftlich und tech-

Der erste deutsche Satellit – AZUR. Das Foto zeigt AZUR, noch auf der Erde, in einem schalltoten Raum. Dort wurden die Kenndaten der Bordantennen sowie das Reflexionsverhalten des gesamten Satelliten ermittelt.

nologisch ein großer Erfolg für Deutschland – der erste Schritt in den Weltraum war gelungen.

46 › Ist Weltraumschrott gefährlich?

Ein lautloser Crash im Weltraum – für den Kommunikationssatelliten Iridium 33 war die erste Kollision zwischen zwei Satelliten im Weltraum allerdings auch seine letzte. Am 10. Februar 2009 kreuzte seine Flugbahn die des ausrangierten russischen Militärsatelliten Kosmos 2251: Beide wurden komplett zerstört und rund 700 Trümmerstücke verteilten sich entlang ihrer Bahnen. Kollisionen vor allem mit kleinsten Teilchen lassen sich nicht immer vermeiden und Weltraumschrott ist zu einem kostspieligen Problem geworden.

Weltraumschrott oder Weltraummüll (englisch: space debris), das sind alle makroskopischen Teilchen, die sich in Erdnähe befinden. „Makroskopisch“ heißt, dass die Weltraumschrott-Teilchen aus der Nähe mit bloßem Auge zu sehen sind. Dabei handelt es sich um nicht mehr aktive Satelliten, ausgebrannte Raketenstufen oder Trümmerteile davon, wie zum Beispiel Lacksplitter oder auch Schlackepartikel aus Feststofftriebwerken. Von November 2008 bis August 2009 umkreiste auch die Werkzeugtasche einer Space-Shuttle-Astronautin die Erde, bis die Tasche in der Erdatmosphäre verglühte. Grob geschätzt wird die Erde von mehr als 600.000 Objekten größer als ein Zentimeter umrundet.

Auch natürliche Weltraumtrümmer sind eine Gefahr für die Raumfahrt; Mikro-Meteoroide können mit Raumfahrzeugen kollidieren. Normalerweise treten sie in die Atmosphäre ein und verglühen. Sie bewegen sich mit Geschwindigkeiten von weit mehr als 11,2 Kilometern pro Sekunde auf die Erde zu und sind somit deutlich schneller als die Weltraumschrott-Teilchen im Orbit.

Früher oder später kommt alles zurück

Weltraumschrott ist aber nicht nur eine Gefahr für unbemannte Satelliten. Systeme mit Menschen an Bord, wie zum Beispiel die Internationale Raumstation ISS, müssen durch Prallplatten und Gewebematten gegen kleine Objekte geschützt werden – vor Objekten größer als zehn Zentimeter muss die ISS sogar ausweichen.

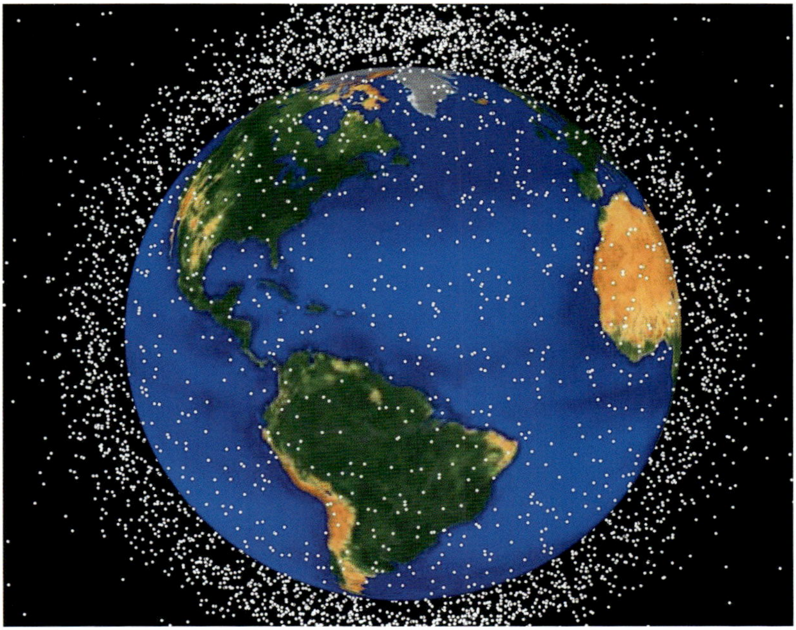

Schematische Darstellung der Weltraummüll-Verteilung um die Erde. Sie zeigt die Objekte an, deren Flugbahnen zurzeit überwacht werden. Die Größe der weißen Markierungspunkte ist nicht maßstabsgetreu.

Die Lebensdauer von Weltraumschrott hängt von der Höhe seiner Flugbahn ab. Denn die Schrottteilchen werden durch die Restatmosphäre der Erde abgebremst, und die ist in Erdnähe dichter als in größerer Höhe. Die Lebensdauer in 400 Kilometer Höhe (Bahnhöhe der Raumstation ISS) beträgt etwa ein Jahr, während sie in 1000 Kilometer Bahnhöhe auf rund tausend Jahre ansteigt. Wie auf der Erde ist auch im Weltraum der einfachste Weg, Müll zu reduzieren, ihn gleich zu vermeiden: Raketenstufen und alte Satelliten können aktiv gebremst und zum Verglühen in der Atmosphäre gebracht werden. Den Weltraumschrott einzusammeln wäre sehr aufwändig und ein Raumschiff benötigt dafür sehr viel Treibstoff. Andere Entsorgungskonzepte – wie beispielsweise der Beschuss mit Laserstrahlen – werden untersucht.

47 › Warum müssen manche Weltraumteleskope gekühlt werden?

Im Weltraum ist es unvorstellbar kalt. Die dort vorherrschende Temperatur beziehungsweise die Temperatur der kosmischen Hintergrundstrahlung liegt bei etwa −270 Grad Celsius und damit nur knapp über dem absoluten Nullpunkt von −273,15 Grad Celsius, der tiefsten möglichen Temperatur. Trotzdem müssen manche Weltraumteleskope gekühlt werden – warum?

Weltraumteleskope, die im Bereich des sichtbaren Lichts beobachten (zum Beispiel das Hubble Space Telescope), benötigen keine besondere Kühlung. Im Gegenteil, sie müssen – wie jeder andere Satellit – in einem bestimmten Temperaturbereich gehalten werden. Dieser ist für die verschiedenen Instrumente an Bord unterschiedlich und liegt ganz grob zwischen −20 und +50 Grad Celsius. Um die optimale Temperatur für jedes Instrument und Bauteil zu regeln, werden Thermalkontrollsysteme eingesetzt.

Kalte Wärmestrahlung durchdringt das All

Weltraumteleskope, die im Infrarotbereich – also die Wärmestrahlung – beobachten, müssen allerdings entsprechend gekühlt werden. Denn das Teleskop selbst hat eine gewisse Temperatur und gibt laufend Wärmestrahlung in alle Richtungen ab, welche die Messungen des Wärmesensors stören würde. Um diese Eigenstrahlung gering zu halten, muss das Teleskop möglichst weit unter diejenigen Temperaturen gekühlt werden, die man im Weltraum beobachten will.

Das Weltraumteleskop Herschel, am 14. Mai 2009 gestartet, misst Wärmestrahlung mit sehr niedriger Temperatur. Diese dringt auch durch interstellare Staubwolken, ermöglicht den Blick in fernste kosmische Regionen und lässt Rückschlüsse auf die Entstehung von Galaxien und Sternen zu.

Teile des Teleskops müssen darum auf circa −271 Grad Celsius gekühlt werden, damit die Messungen der Sensoren nicht durch die Ei-

Das Weltraumteleskop Herschel sammelt Informationen über das Entstehen von Sternen und Galaxien. Mit einem Spiegel von 3,5 Metern Durchmesser ist es das bislang größte Weltraumteleskop überhaupt.

genstrahlung verfälscht werden: Eine große, isolierte Abschirmung schützt vor der aufheizenden Strahlung, die Sonne und Erde aussenden. Überschüssige Wärme wird dazu mit Radiatoren in den Weltraum abgestrahlt. Aktiv gekühlt wird das Teleskop durch die langsame Verdampfung von mehr als 2300 Litern flüssigem Helium (ähnlich dem Verdunstungskälte-Mechanismus eines Kühlschranks). Auf diese Weise können die Sensoren bis fast auf –271 Grad Celsius gekühlt werden und das Teleskop erreicht so höchste Messempfindlichkeit.

48 › Wo ist der günstigste Beobachtungsplatz für Satelliten?

Der Mathematiker Joseph-Louis Lagrange (1736 – 1813) hatte seinerzeit noch keine Ahnung von Raumfahrt und Satellitentechnik. Er machte jedoch eine mathematische Entdeckung, die für die moderne Weltraumforschung von großer Bedeutung ist: Umkreisen sich zwei unterschiedlich große Körper, zum Beispiel Erde und Sonne, so gibt es in ihrem Schwerefeld fünf besondere Punkte. Diese sogenannten Lagrange-Punkte (abgekürzt L1 bis L5) bewegen sich mit den Körpern mit; außerdem heben sich an diesen Orten die Anziehungs- und Fliehkräfte der Körper gegenseitig auf. Befindet sich an einem dieser Punkte nun ein dritter Körper mit viel kleinerer Masse, zum Beispiel ein Satellit, so wirken auf ihn keine äußeren Kräfte. Er bleibt also immer an derselben Stelle relativ zu den beiden anderen Körpern, und das ohne eigenen Antrieb.

Die Position des Lagrange-Punktes L2 im System Sonne – Erde. Der Lagrange-Punkt L2 liegt außerhalb der Umlaufbahn der Erde. In ihm herrscht Gleichgewicht zwischen der Anziehung durch Erde und Sonne und der Fliehkraft, die durch die Bewegung des Punktes um die Sonne entsteht.

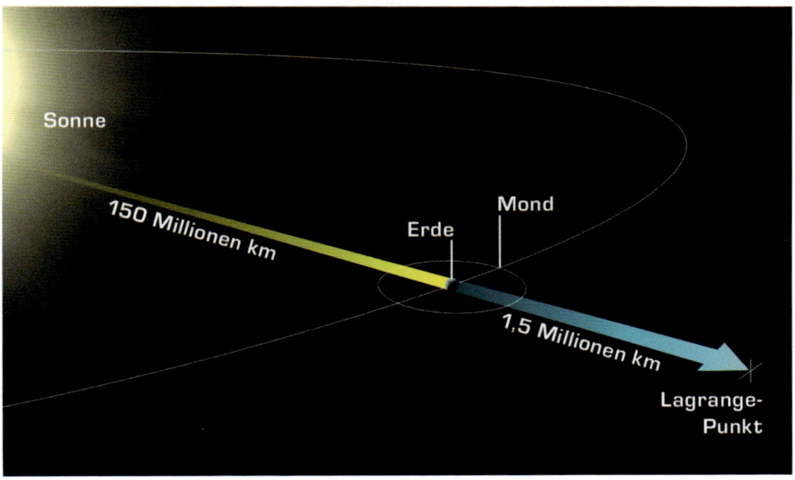

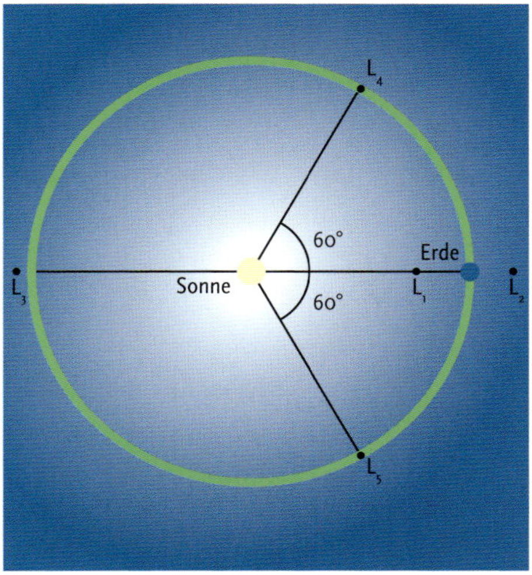

Anordnung der fünf Lagrange-Punkte. Die Punkte L1, L2 und L3 liegen auf einer Linie, die Punkte L4 und L5 auf der Planetenbahn und bilden jeweils mit Sonne und Planet ein gleichschenkliges Dreieck.

Ein Parkplatz im Weltraum

Am 14. Mai 2009 erfolgte der Start der beiden europäischen Weltraumteleskope Herschel und Planck. Beide kreisen auf unterschiedlichen Bahnen um den Lagrange-Punkt L2, um von dort aus die Wärmestrahlung des Weltraums messen. Der Punkt L2 liegt außerhalb der Umlaufbahn der Erde um die Sonne. In ihm herrscht ein Gleichgewicht zwischen der Anziehung durch Erde und Sonne einerseits und der Fliehkraft andererseits, die durch die Bewegung des Punktes um die Sonne entsteht. Deshalb benötigen Herschel und Planck dort nur minimale Treibstoffmengen für kleinere Bahnkorrekturen.

Neben der Treibstoffersparnis hat der „Parkplatz" L2 weitere Vorteile: Die Antenne für die Datenübertragung zur Erde schaut immer in die gleiche Richtung und ihre Sendeleistung muss nicht dauernd angepasst werden, weil sich die Entfernung zur Erde kaum ändert. Wegen der gleich bleibenden Position in Bezug auf Sonne und Erde lassen sich Weltraumteleskope an L2 auch leichter vom störenden Sonnenlicht abschirmen. Ist die Mission zu Ende, so driften die Satelliten durch die Bahnstörungen langsam von dort weg auf eine eigene Sonnenumlaufbahn und geben den Platz für Nachfolgemissionen wieder frei.

49 › Brauchen Satelliten in der Umlaufbahn noch einen Raketenantrieb?

Hat ein Satellit seine Umlaufbahn um die Erde erreicht, dann bewegt er sich mit so hoher Geschwindigkeit, dass die durch seine Bewegung verursachte Fliehkraft und die Anziehungskraft der Erde gleich stark sind. Existierten keine störenden Einflüsse, dann würde sich der Satellit unendliche Zeit auf seiner Bahn um die Erde weiter bewegen.

Allerdings gibt es kleine Störkräfte, die den Satelliten abbremsen und seine Umlaufbahn verändern. So kann etwa der Lichtdruck der Sonnenstrahlung den Bahnverlauf beeinflussen. Wird ein Satellit mit großer Oberfläche von entsprechend vielen Photonen beziehungsweise „Lichtteilchen" der Sonnenstrahlung getroffen, dann wird so viel Energie übertragen, dass sich die Bewegung des Satelliten ändert.

Regelmäßige Bahnregelung

Besonders störend sind Reste der Erdatmosphäre, die es auch noch mehrere hundert Kilometer über dem Erdboden gibt. Die Reibung mit Gasmolekülen der dünnen Restatmosphäre bremst jeden Körper in einer Erdumlaufbahn ab und lässt ihn allmählich auf eine erdnähere Bahn sinken. Je niedriger der Satellit absinkt, desto stärker wird die Bremswirkung und das Absinken beschleunigt sich. Um diesen Effekt auszugleichen beschleunigt man den Satelliten in gewissen Zeitabständen und bringt ihn wieder auf eine höhere Umlaufbahn – das ist die sogenannte Bahnregelung. Auch die Internationale Raumstation ISS führt dieses Manöver regelmäßig durch.

Außerdem brauchen Satelliten Raketenantriebe, um sich in eine bestimmte Richtung zu drehen, also eine Lageregelung vorzunehmen. Sie ist beispielsweise notwendig, damit die Bordkamera zur Erde schaut oder die Solarkollektoren immer zur Sonne ausgerichtet sind. Hierfür sind an den Außenkanten eines Satelliten zahlreiche kleine Triebwerke angebracht. Sie werden bei Bedarf kurz gezündet und versetzen den Satelliten in eine leichte Drehbewegung. Hat sich der Satellit in die ge-

Die künstlerische Darstellung zeigt den Satelliten GOCE (Gravity field and steady-state ocean circulation explorer), der das Schwerefeld der Erde vermisst. Seine Umlaufbahn ist mit etwa 260 Kilometern Höhe relativ niedrig. Deshalb hat GOCE eine aerodynamische Form und ist mit einem speziellen Ionentriebwerk ausgestattet.

wünschte Position gedreht, werden wieder Triebwerke gezündet, die nun in entgegengesetzter Richtung feuern, um die Drehung zu stoppen.

50 › Wie schnell muss eine Rakete sein, um in den Weltraum zu gelangen?

Startet eine Rakete von der Erdoberfläche, dann muss sie mindestens 7,9 Kilometer pro Sekunde schnell werden, um in eine Erdumlaufbahn vorzudringen. 7,9 Kilometer pro Sekunde ist die sogenannte erste kosmische Geschwindigkeit – mehr als das 20-fache der Schallgeschwindigkeit. Als „Kosmische Geschwindigkeiten" bezeichnete man zu Beginn des Raumfahrtzeitalters einige für die Raumfahrt wichtige Geschwindigkeiten. Eine Rakete oder ein anderes Geschoss mit der ersten kosmischen Geschwindigkeit gelangt in eine niedrige Kreisbahn um die Erde. Daher spricht man auch von Kreisbahngeschwindigkeit. Ist das Geschoss langsamer, so fällt es zur Erde zurück. Die zweite kosmische Geschwindigkeit ist die „Fluchtgeschwindigkeit" von der Erde: 11,2 Kilometer pro Sekunde. So schnell muss eine Rakete sein, damit sie das Schwerefeld der Erde verlassen kann, um zu anderen Planeten zu fliegen. Aufgrund der Gesetze der Bahnmechanik ist die zweite kosmische Geschwindigkeit (11,2 km/s) gleich der Kreisbahngeschwindigkeit (7,9 km/s) mal 1,414 (der Quadratwurzel aus 2).

Vier kosmische Geschwindigkeiten

Die dritte kosmische Geschwindigkeit gibt an, welche Geschwindigkeit ein Raumschiff erreichen muss, damit es das Sonnensystem verlassen kann. Diese Fluchtgeschwindigkeit aus dem Sonnensystem beträgt rund 42 Kilometer pro Sekunde (0,14 Promille der Vakuumlichtgeschwindigkeit). Die vierte kosmische Geschwindigkeit ist die Fluchtgeschwindigkeit aus unserer Galaxie, der Milchstraße. Sie liegt bei rund 320 Kilometern pro Sekunde.

Wichtig ist, dass die kosmischen Geschwindigkeiten idealisierte Werte sind. Zum Beispiel berücksichtigen sie nicht den Geschwindigkeitsverlust durch den Luftwiderstand beim Start einer Rakete. Zudem beziehen sich die angegebenen Werte auf die Erde beziehungsweise unser Sonnensystem und gelten nicht im gesamten Universum.

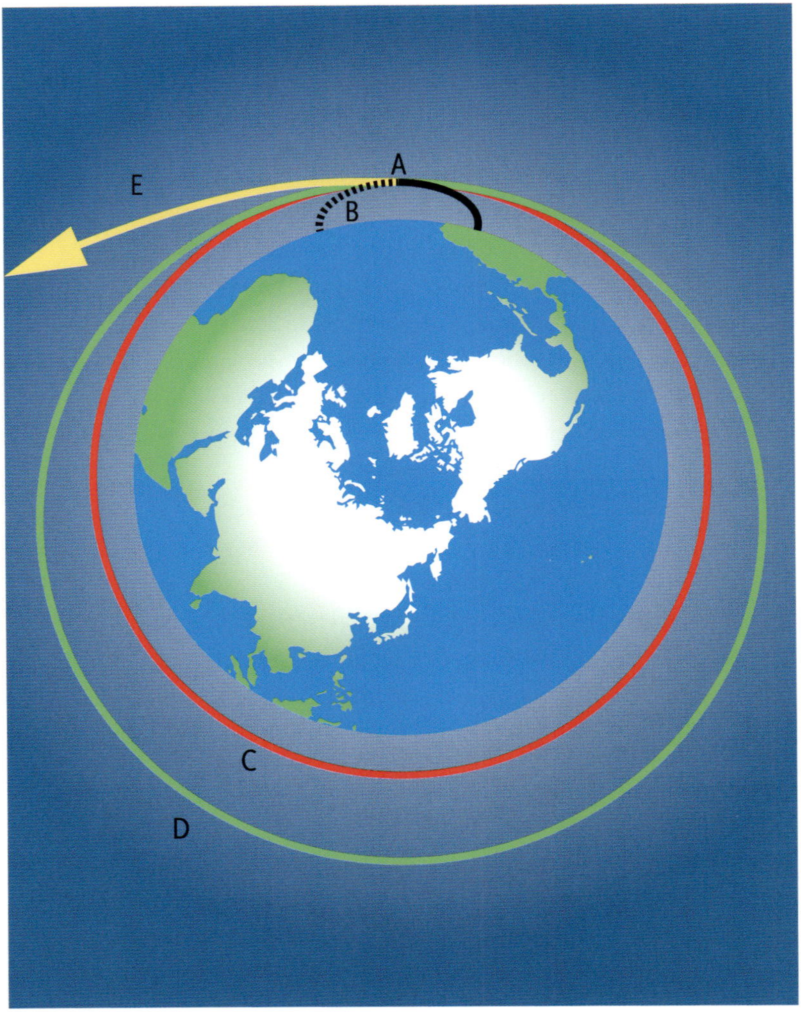

Flugbahnen um die Erde. Startet eine Rakete von der Erde, so entscheidet ihre Geschwindigkeit in Punkt A, was weiter geschieht: Ist sie langsamer als die erste kosmische Geschwindigkeit, so fällt die Rakete zur Erde zurück (B). Stimmt sie mit ihr überein, so wird eine Kreisbahn erreicht (C). Ist sie etwas höher, so gelangt die Rakete auf eine Ellipsenbahn(D). Wird die zweite kosmische Geschwindigkeit erreicht, so besitzt die Rakete Fluchtgeschwindigkeit und fliegt auf einer Parabelbahn (E).

51 › Wie kommt man zu einem anderen Himmelskörper?

Als Jules Verne 1865 seinen Roman „Von der Erde zum Mond" schrieb, ahnte er noch nichts von Raketen und schoss seine Mondfahrer kurzerhand mit einer gewaltigen Kanone in den Weltraum. Knapp 60 Jahre später beschrieb Hermann Oberth mit seinem Buch „Die Rakete zu den Planetenräumen" die theoretischen Grundlagen der Raketentechnik. Noch konkreter wurde der in Essen wirkende Stadtbaurat Walter Hohmann, der 1925 seine Überlegungen über „Die Erreichbarkeit der Himmelskörper" vorstellte. Er hatte sich als Ingenieur visionäre Gedanken dazu gemacht, wie man mit möglichst wenig Energie Raumsonden zu anderen Planeten entsenden könne.

Diese Hohmannbahnen sind sogenannte Übergangsellipsen, bei denen das Raumschiff nur zweimal beschleunigt beziehungsweise abgebremst werden muss – am Anfang und am Ende der langen Reise. Der jeweils erforderliche Schub ist bei reinen Hohmannbahnen minimiert, wofür im Gegenzug die Reisezeit von einem Himmelskörper zum anderen besonders lange ausfällt. Auf kürzestem Wege, also gleichsam geradeaus, können wir nämlich kein Raumschiff von der Erde zum Mars oder noch weiter schicken – dazu wären Geschwindigkeiten notwendig, die weit über das hinausgehen, was unsere heutigen chemischen Treibstoffe leisten können.

Durch Umwege mehr Geschwindigkeit

Seit den 1960er Jahren werden solche Hohmannbahnen – zumindest angenähert – realisiert. Dabei müssen Erde und Zielplanet beim Start in einer ganz bestimmten Position zueinander stehen, damit am Ende Planet und Raumsonde gleichzeitig am Berührungs- oder Kreuzungspunkt der beiden Bahnen eintreffen. Wird der Termin verpasst, muss man bis zum nächsten „Startfenster" warten.

Mittlerweile haben die Flugbahn-Designer eine noch sparsamere Form der Navigation entwickelt: Durch nahe Vorbeiflüge an einem oder

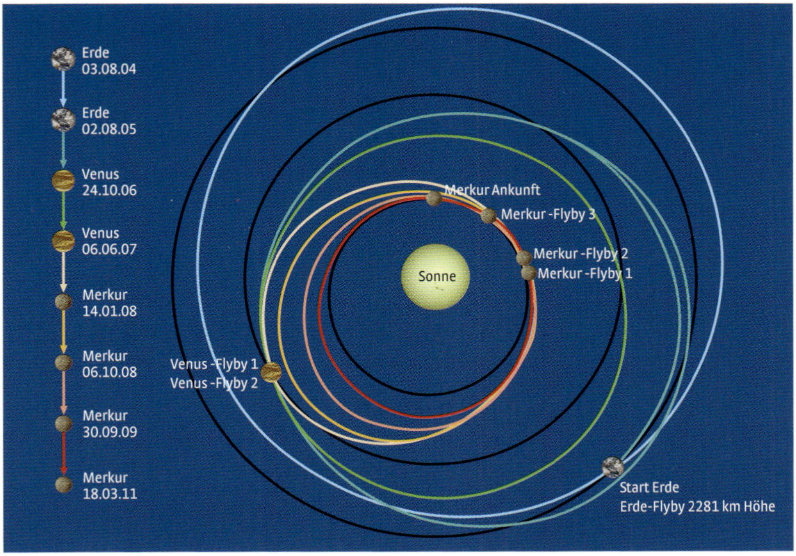

Auf ihrem weiten Weg von der Erde zu Merkur nutzte die Raumsonde Messenger mehrere Vorbeiflüge an Erde, Venus und Merkur, um Treibstoff zu sparen.

mehreren Planeten werden Raumsonden zusätzlich beschleunigt beziehungsweise umgelenkt. Für solche schwerkraftgestützten Kurskorrekturen lohnt dann auch schon einmal ein Umweg. So flogen die beiden Raumsonden Galileo und Cassini, die 1989 beziehungsweise 1997 ins äußere Sonnensystem zu Jupiter und Saturn entsandt wurden, zunächst nach innen Richtung Venus. Von deren Schwerefeld wurden beide so umgelenkt, dass sie anschließend an der Erde vorbeizogen und dort erneut Schwung holen konnten – Galileo zweimal, Cassini nach einem zweiten Vorbeiflug an der Venus nur einmal.

Die bislang komplexeste Bahn hat die Merkursonde Messenger hinter sich, die Mitte März 2011 in eine Umlaufbahn um den sonnennächsten Planeten einschwenkte: Nach ihrem Start im August 2004 flog sie ein Jahr später noch einmal an der Erde vorbei, traf sich dann zweimal mit der Venus und zog zuletzt dreimal an Merkur vorbei, ehe sie im März 2011 ihr Ziel endgültig erreichte.

52 › Wie weit sind wir ins Weltall vorgedrungen?

Seit mehr als 30 Jahren sind unbemannte Flugkörper unterwegs, um Planeten und den interplanetaren Raum zu erkunden und die Tiefen des Alls zu erforschen. Aus Milliarden Kilometern Entfernung von der Erde senden uns Raumsonden Bilder, die nie ein Mensch zuvor gesehen hat. Zurzeit sind vier Raumsonden diejenigen von Menschen geschaffenen Objekte, die sich am weitesten von der Erde entfernt haben. Die amerikanischen Sonden Pioneer 10 und 11 sowie Voyager 1 und 2 befinden sich außerhalb der Planetenbahnen und entfernen sich immer weiter von unserem Sonnensystem.

Die US-Raumsonde Pioneer 10 startete am 3. März 1973 mit einer Atlas-Centaur-Trägerrakete von Cape Canaveral in Richtung Jupiter. Auf dem Weg dorthin untersuchte sie auch den Asteroidengürtel und den interplanetaren Raum. Sie flog wie geplant an Jupiter vorbei und sandte noch bis zum Januar 2003 Daten zur Erde. 21 Monate Lebensdauer waren anfangs geplant – fast 30 Jahre wurden erreicht.

Pioneer 11 ist die Schwestersonde von Pioneer 10 und wurde am 6. April 1973 gestartet. Ziel der 259 Kilogramm schweren Sonde war es, im Vorbeiflug die Planeten Jupiter und Saturn zu erforschen. Wie Pioneer 10 war auch Pioneer 11 bei Ankunft an den Planeten so schnell, dass ein Abbremsen mehr Treibstoff erfordert hätte, als die Raumsonde überhaupt hätte mitnehmen können. Durch ihre Trägerraketen wurden die beiden Sonden auf eine so hohe Geschwindigkeit gebracht, dass sie noch heute ohne zusätzlichen Antrieb immer weiter aus dem Sonnensystem hinausfliegen. Somit haben sie die dritte Kosmische Geschwindigkeit überschritten.

Am Rande des Sonnensystems

Die Voyager-Sonden waren eine neuere Generation von Raumsonden und wurden 1977 mit Titan-Raketen gestartet; Voyager 2 am 20. August 1977 und damit 16 Tage vor Voyager 1. Voyager 1 wurde allerdings auf eine kürzere Flugbahn zu Jupiter eingeschossen, überholte dadurch

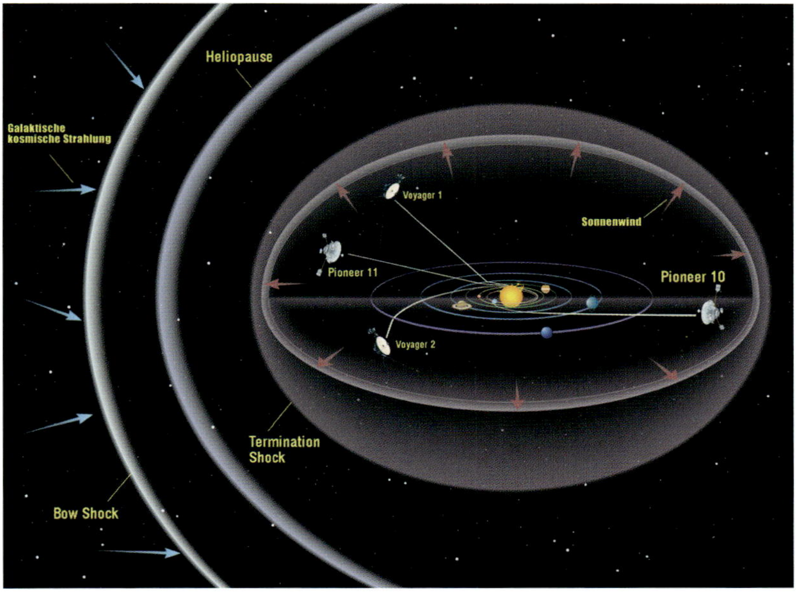

Die Flugbahnen der Raumsonden Voyager und Pioneer. Die Illustration zeigt die Bahnen von Voyager 1 und 2 und von Pioneer 10 und 11. „Termination Shock", „Heliopause" und „Bow Shock" sind verschieden definierte Abgrenzungen unseres Sonnensystems zum interstellaren Raum.

Voyager 2 und flog als erste der beiden an Jupiter vorbei. Danach passierte Voyager 1 noch den Saturn, während Voyager 2 nach ihrem Vorbeiflug an Jupiter auf eine Bahn zu Saturn, Uranus und Neptun gebracht wurde. So konnten erstmals auch Nahaufnahmen der beiden äußeren Planeten des Sonnensystems gemacht werden.

Die Entfernung von Voyager 1 zur Sonne beträgt derzeit etwa 117 Astronomische Einheiten. Eine Astronomische Einheit (AE) entspricht dem Abstand Erde-Sonne, also 149,6 Millionen Kilometern. Voyager 2 ist ungefähr 95 AE entfernt, Pioneer 10 rund 103 AE und Pioneer 11 etwa 83 AE. Die Sonden bewegen sich mit 11,4 bis 17,1 Kilometern pro Sekunde fort und legen pro Jahr die 2,5- bis 3,6-fache Strecke Erde-Sonne zurück.

53 › Was passiert, wenn Sterne Verstecken spielen?

Astronomen kennen die Antwort und hätten daher in der 250. Folge von Günther Jauchs Rateshow „Wer wird Millionär?“ die Eine-Million-Euro-Frage beantworten können: Was sind Bedeckungsveränderliche?

Ein Bedeckungsveränderlicher ist ein spezielles Doppelsternsystem, also ein System aus zwei Sternen, die nahe beieinander stehen und sich aufgrund der gegenseitigen Schwereanziehung um ihren gemeinsamen Schwerpunkt bewegen. Zudem muss die Bahn des Doppelsternsystems so im Raum liegen, dass sich die beiden Sterne von der Erde aus gesehen periodisch ganz oder teilweise verdecken. Meistens sind die beiden Sterne unterschiedlich groß und unterschiedlich hell. Verdeckt ein kleinerer, heißerer und damit hellerer Stern einen Teil eines größeren, kühleren und daher weniger leuchtkräftigen Sterns, so erreicht das Licht, das vom verdeckten Stück Oberfläche ausgeht, den Beobachter auf der Erde nicht mehr. Die Helligkeit des Gesamtsystems ist während dieser Phase niedriger als in der Phase, in der beide Sterne nebeneinander stehen. Die Lichtkurve, die die Leuchtkraft im Laufe der Zeit darstellt, fällt ab. Ein Helligkeitsminimum, das sogenannte Nebenminimum, entsteht.

Die Lichtkurve als Indikator für Sterneigenschaften

Zieht der kleinere Stern dann hinter dem größeren vorbei, wird sein helles Licht ganz oder teilweise abgeschirmt: Die Helligkeit des Doppelsternsystems nimmt ein zweites Mal ab – in der Lichtkurve entsteht ein weiteres, diesmal deutlich ausgeprägtes Minimum, das Hauptminimum. Wie tief Haupt- und Nebenminimum ausfallen, hängt vom Helligkeitsunterschied der beiden Sterne ab. Ist die Flächenhelligkeit des kleinen Sternes geringer als die des größeren Sterns, entsteht das Hauptminimum, wenn er vor diesem vorbei zieht, und das „flache“ Nebenminimum, wenn er sich hinter ihm befindet. Wenn beide Sterne exakt gleich groß und gleich hell sind, sind Haupt- und Nebenminimum gleich tief.

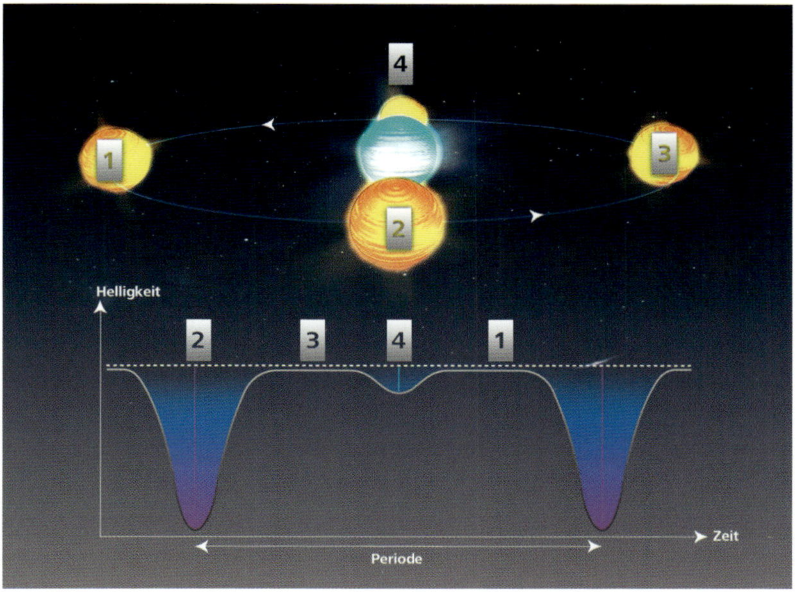

Das Schema eines bedeckungsveränderlichen Doppelsterns. Ein Bedeckungsveränderlicher ist ein Doppelsternsystem, das an einem periodischen Helligkeitswechsel zu erkennen ist. Er kommt durch die regelmäßige gegenseitige Bedeckung der beiden Sterne zustande und resultiert in einer Helligkeitskurve/Lichtkurve mit unterschiedlich stark ausgeprägten Helligkeitsminima.

Aus dem Verlauf der Lichtkurve lassen sich wichtige Parameter bestimmen – das Radienverhältnis beider Sterne, die Bahnperiode und die Bahnneigung. Mit Kenntnis der Geschwindigkeiten der Sternbewegungen anhand er Radialgeschwindigkeitsmethode (siehe Frage 78) erhält man sogar die absoluten Dimensionen des Sternsystems einschließlich der stellaren Massen und Dichten.

Der wohl bekannteste Bedeckungsveränderliche ist der Stern Algol im Sternbild Perseus – in weniger als drei Tagen ändert er periodisch seine Helligkeit. Schon 1783 untersuchte ihn der englische Astronom John Goodricke und schloss auf einen „unsichtbaren" Begleiter des sichtbaren Sterns.

54 › Wie sieht der Familienstammbaum der Sterne aus?

Nicht alle Sterne im Universum sind gleich – schon mit bloßem Auge sind Helligkeits- und kleine Farbunterschiede zu erkennen. Im 19. Jahrhundert entwickelte sich die Spektroskopie der Sterne zu einer wichtigen Analysemethode der Astronomie: Sie zerlegt das Licht (die elektromagnetische Strahlung) der Sterne in die Regenbogenfarben beziehungsweise die verschiedenen Wellenlängen des elektromagnetischen Spektrums. Die Stellarspektroskopie zeigte, dass die Sterne tatsächlich (und nicht nur entfernungsbedingt) unterschiedlich hell und heiß sind. Nach dem Aussehen ihrer Spektren wurden die Sterne in verschiedene Spektralklassen eingeordnet.

Entwicklungsphasen der Sterne in einem Diagramm

Anfang des 20. Jahrhunderts entstand dann aus den Arbeiten des dänischen Fotochemikers Ejnar Hertzsprung und des amerikanischen Astronomen Henry Norris Russell ein fundamentales Diagramm der Astronomie: Das Hertzsprung-Russell-Diagramm, kurz HRD. Auf seiner vertikalen Achse ist die absolute Helligkeit (die wahre Leuchtkraft) der Sterne gegen ihre Spektralklasse (die Oberflächentemperatur) auf der horizontalen Achse aufgetragen. In der Mitte des Diagramms findet man sehr viele Sterne in einem diagonal verlaufenden Band, die sogenannte Hauptreihe. Darüber befinden sich etwas weniger Sterne, mit hoher Leuchtkraft und meist mittlerer bis moderater Temperatur – die Roten Riesen und Überriesen. Unterhalb der Hauptreihe tummeln sich die Weißen Zwerge.

Auch wenn diese Bezeichnungen wie aus einem Märchen klingen – das HRD beschreibt real einen momentanen Zustand der Sterne, dem die Fusionsprozesse in ihrem Inneren zugrunde liegen. Wenn man diese Prozesse versteht, kann man mittels des HRD Entwicklungswege für Sterne bestimmter Massen – zum Beispiel für unsere Sonne – vorhersagen und sogar das Alter von Sternhaufen bestimmen.

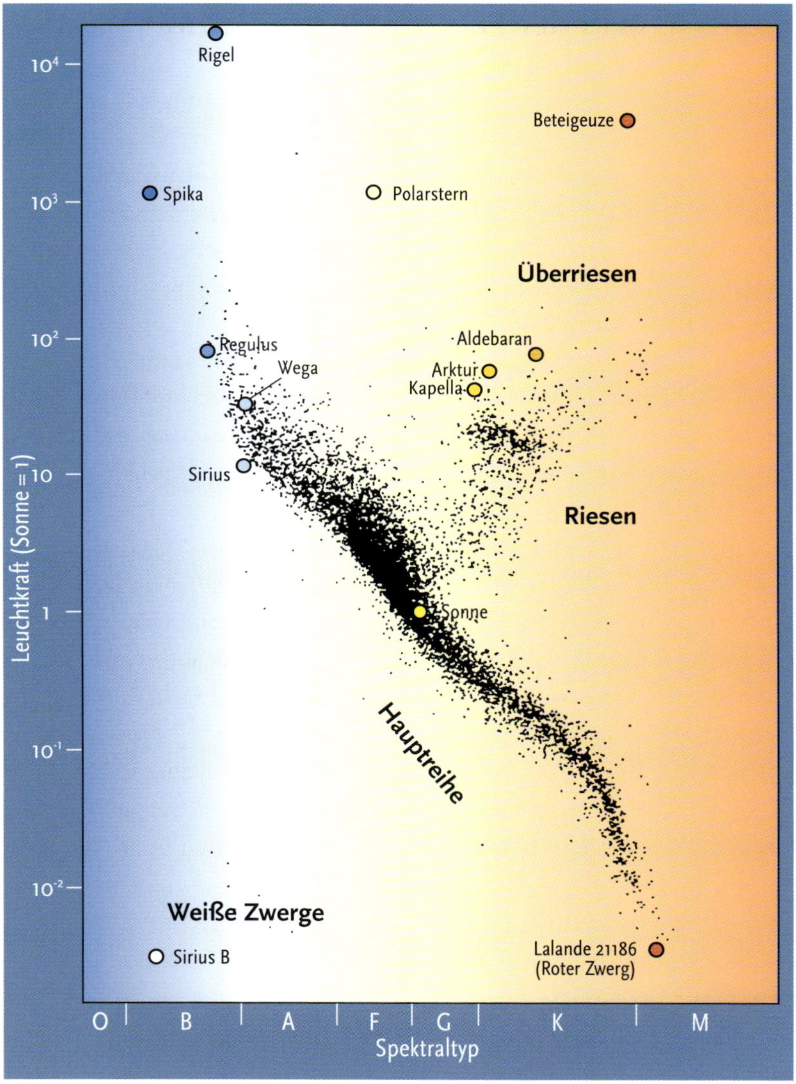

Vereinfachte Darstellung eines Hertzsprung-Russell-Diagramms (HRD). Auf der vertikalen Achse des HRD ist die Leuchtkraft der Sterne gegen ihre Spektralklasse auf der horizontalen Achse aufgetragen. Unsere Sonne befindet sich auf der sogenannten Hauptreihe.

55 › Wie sieht der „Lebensabend" der Sterne aus?

Früher galten der Himmel und mit ihm die Sterne als Inbegriff der Ewigkeit, denn die Himmelsobjekte schienen (ebenso wie die dorthin entrückten Götter) gegen das irdische Wechselspiel von Kommen und Gehen, Geburt und Tod immun zu sein. Dass auch Sterne – und mit ihnen die Sonne – nicht ewig leben, klingt in den Ohren vieler Menschen verwirrend, löst mitunter sogar diffuse Ängste aus. Dabei hat gerade die Sonne noch einige Milliarden Jahre vor sich …

Die Lebenserwartung und das Ende eines Sterns hängen entscheidend von seinem „Startkapital" ab. Je mehr Masse er zu Beginn seines Lebens in sich vereint, desto schneller muss er altern und wieder von der kosmischen Bühne abtreten. Fast könnte man sagen, dass Übergewicht auch bei Sternen ein Risikofaktor ist.

Die „erlaubte" Masse eines Sterns reicht von etwa einem Zwölftel der Sonnenmasse bis hin zu 100 oder gar 130 Sonnenmassen. Damit liegt die Sonne deutlich im unteren Drittel des Möglichen. Wenn sie ihren nutzbaren Vorrat an Wasserstoff im Zentralbereich aufgebraucht und in Helium umgewandelt hat, verliert sie nach einem Zwischenstadium als roter Riesenstern ihre äußere Hülle und schrumpft schließlich zu einem weißen Zwergstern. Ein solches Objekt ist kaum größer als die Erde, dürfte aber immer noch weit mehr als die Hälfte der heutigen Sonnenmasse in sich vereinen.

Die Masse macht's

Ist die Anfangsmasse eines Sterns deutlich größer als bei der Sonne, so muss er seinen Kernbrennstoff wesentlich schneller aufzehren, um im Innern genügend Gegendruck gegen die stärkere Last der größeren Masse aufzubauen. Entsprechend heißer ist ein solcher Stern in seinem Zentrum, und so kann er nach dem Ende des Wasserstoffbrennens auch das dabei entstandene Helium als weitere Energiequelle nutzen.

Massereiche Sterne werden damit zu „Elementschmieden", in denen die Atome jenseits von Helium überhaupt erst entstehen können – und

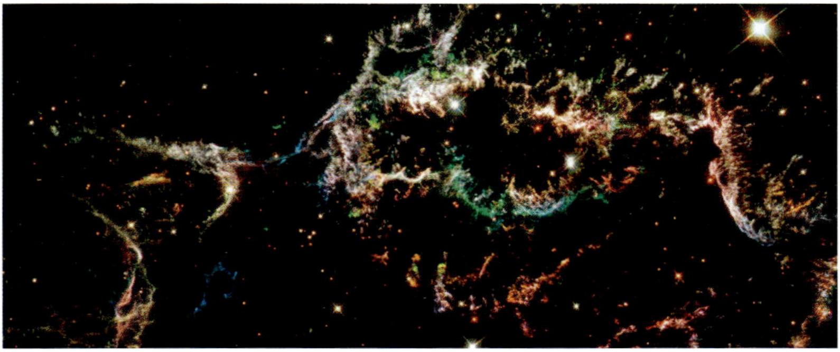

Cassiopeia A, der Überrest einer unbemerkt gebliebenen Supernova aus dem 17. Jahrhundert, ist eine starke Radio- und Röntgenstrahlungsquelle.

schon lange vor der Geburt der Sonne entstanden sind. Unmittelbar nach dem Urknall vor rund 13,7 Milliarden Jahren bildeten sich nur Wasserstoff- und Heliumatomkerne sowie allenfalls noch kleinere Mengen von Lithium und möglicherweise Bor. Die Atome aller übrigen chemischen Elemente konnten erst im Innern massereicher Sterne entstehen – oder während ihrer finalen, als Supernova bezeichneten Explosion. Gerade diese Sternexplosionen spielen für die Entwicklung des Kosmos eine entscheidende Rolle. Erst durch sie wird ein Großteil der mit schwereren Elementen angereicherten Materie aus dem Sterninnern wieder freigesetzt – kosmische Erbschaft zur Weiterverwendung in neuen Sterngenerationen.

Massereiche Sterne treten ziemlich spektakulär von der Bühne ab: Wenn die atomare Energieproduktion im Innern endgültig zum Erliegen kommt, stürzen sie wie ein Kartenhaus in sich zusammen, wodurch ihre äußere Hülle im Zuge einer Supernova-Explosion abgesprengt wird. Zurück bleibt meist ein Neutronenstern, der – kaum größer als eine Millionenstadt – mehr als anderthalb Sonnenmassen in sich konzentriert. Bei extrem massereichen Objekten ist die Last des zusammenbrechenden Materials allerdings so groß, dass der Sternenrest zu einem Schwarzen Loch schrumpfen muss, aus dem keine Strahlung und keine Information mehr entkommen kann.

56 › Sind wir aus „Sternenstaub“ gemacht?

Natürlich besteht der menschliche Körper nicht aus Staub, sondern zum größten Teil aus Wasser, Eiweißen, Fetten und Mineralstoffen. Diese Substanzen wiederum sind aus chemischen Elementen, also verschiedenen Atomen und Molekülen, zusammengesetzt, vor allem aus Wasserstoff, Sauerstoff, Kohlenstoff und Stickstoff. Woher stammen aber diese chemischen Elemente – wie sind sie entstanden?

Der griechische Philosoph Demokrit (geboren im 5. Jahrhundert vor Christus) postulierte, dass die gesamte Natur aus kleinen, unteilbaren Einheiten – den Atomen – zusammengesetzt ist. Heute wissen wir, dass auch Atome aus kleineren Teilchen zusammengesetzt sind beziehungsweise teilbar sind: Eine Atomhülle aus negativ geladenen Elektronen umgibt einen winzigen Atomkern, der aus positiv geladenen Protonen und elektrisch neutralen Neutronen besteht. Die Anzahl der Protonen im Atomkern bestimmt, um welches chemische Element es sich handelt.

Etwa eine Sekunde nach dem Urknall war der Kosmos schon mit Protonen, Neutronen und Elektronen gefüllt. Sie befanden sich in einem Meer aus Photonen, den Strahlungsteilchen. Diese energiereiche Strahlung verhinderte zunächst, dass sich neutrale Wasserstoffatome aus Proton und Elektron oder schwerere Atomkerne aus mehreren Protonen und Neutronen bilden konnten. Erst in den nächsten Minuten bildeten sich die Atomkerne der beiden leichteren Elemente Helium (zwei Protonen) und Lithium (drei Protonen).

Aus dem Herzen der Sterne

Bis heute liegt der größte Teil der Materie im Kosmos in Form von Wasserstoff und Helium vor. Ohne die Vielfalt der Atomarten, wie sie im Periodensystem der Elemente dargestellt ist, wäre aber die Existenz von Planeten oder menschliches Leben nicht möglich. Und tatsächlich entstanden die meisten Elemente in Sternen. In ihrem Inneren verschmilzt Wasserstoff zu Helium, in massereicheren Sternen werden durch solche

Der Supernova-Überrest SNR 0543-689 in der Großen Magellanschen Wolke. Bei einer Supernova-Explosion werden schwere Elemente erzeugt und der interstellare Raum damit angereichert.

Kernfusionen auch Kohlenstoff, Sauerstoff und schwerere Elemente bis hin zum Eisen erzeugt. Elemente schwerer als Eisen kommen zustande, wenn sich nochmals weitere Neutronen und Protonen anlagern. Dafür sind allerdings physikalische Bedingungen vonnöten, wie sie nur bei Supernova-Explosionen und in roten Riesensternen vorkommen.

Supernovae und Sternwinde verteilen die „erbrüteten“ Elemente danach als Sternenstaub im All. Formen sich später wieder neue Sternsysteme aus diesem Gas, so können sich aus den nun vorhandenen schwereren Elementen auch Planeten bilden. Zumindest auf dem Planeten Erde sind sie auch Bausteine des Lebens.

57 › Wie entstanden die ersten Sterne?

Nach dem sogenannten Standardmodell der Kosmologen ist das Universum in seiner heutigen Form etwa 13,7 Milliarden Jahre alt und aus einem gewaltigen Energieblitz, dem sogenannten Urknall hervorgegangen. Damals war die gesamte im Universum verteilte Materie auf extrem engem Raum vereint und entsprechend heiß, so dass sie völlig anders „organisiert" war als heute: Es gab weder Sterne und Planeten noch Galaxien oder andere Strukturen – zumindest die sichtbare (oder baryonische) Materie dürfte den expandierenden Raum zunächst ziemlich gleichmäßig erfüllt haben – und das gilt in gleicher Weise für die Strahlung.

Rund 380.000 Jahre nach dem Urknall war das Universum schließlich so weit expandiert, dass es in seiner Gesamtheit auf etwa 3000 Kelvin abgekühlt war. Damit war es „kalt" genug, dass die bis dahin frei umherschwirrenden Elektronen sich mit den ebenfalls freien Protonen und Heliumkernen dauerhaft zu Atomen verbinden konnten. Mit dieser Neutralisation der Materie lichtete sich zugleich der Strahlungsnebel, der das Universum bis dahin erfüllt hatte, denn die Strahlungsteilchen, die Photonen, waren zuvor durch Zusammenstöße mit freien Elektronen und Protonen immer wieder vom geraden Weg abgebracht, gestreut worden. Diese damals „befreite" Strahlung beobachten die Astronomen heute noch als sogenannte Hintergrund- oder 3-Kelvin-Strahlung.

Im Griff der Gravitation

Vermutlich unterstützt durch die Gravitationswirkung der schon frühzeitig verklumpten dunklen Materie entstanden viele Millionen Jahre später erste Verdichtungen auch der normalen, baryonischen Materie. Gaswolken formierten sich und wurden durch nachströmende Materie immer weiter verdichtet. Da dabei auch die Temperatur der Materie ansteigt, könnte das Gas schließlich so heiß werden, dass die weitere Kontraktion gestoppt wird.

Heutzutage entwickeln beigemischte Kohlenstoff- und Sauerstoffatome gute Kühlleistungen – ebenso wie Wassermoleküle. Solche Atome

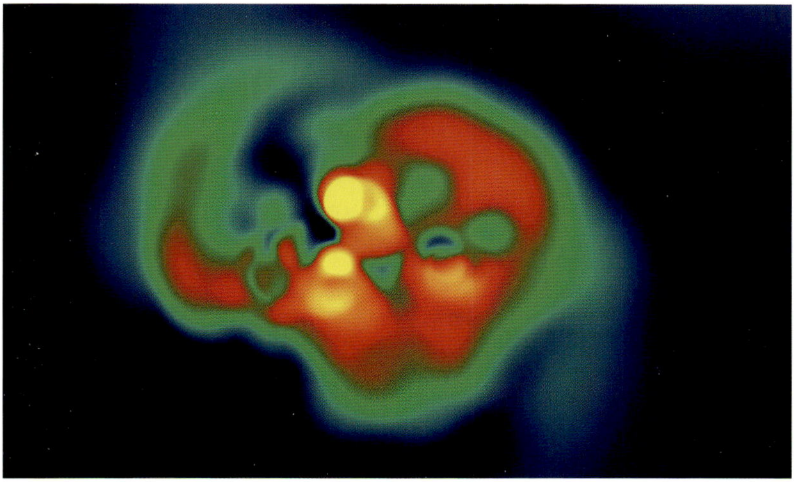

Simulationsrechnungen zur Entstehung der ersten Sterne ergaben, dass diese sich sehr schnell gedreht haben könnten (gelb = extreme Rotation).

und Moleküle gab es im frühen Universum aber noch nicht. Simulationsrechnungen zur Entstehung der ersten Sterne greifen daher auf die kühlende Wirkung von molekularem Wasserstoff zurück: die längliche Verbindung aus jeweils zwei Wasserstoffatomen kann aufgrund der dann möglichen Rotation Wärme besser abstrahlen als kugelrunde Wasserstoffatome. Trotzdem war man lange davon ausgegangen, dass nur sehr massereiche Gaswolken genügend Eigengravitation entwickeln konnten, um sich zu den ersten Sternen zu verdichten – mit mehrhundertfacher Sonnenmasse.

Neue Modellrechnungen zeigen inzwischen, dass die typischen Akkretionsscheiben, aus denen die Materie auf die heranwachsenden Sterne stürzte, offenbar leicht in mehrere Fragmente zerbrechen konnten. In solchen Mehrfachsystemen sollten auch masseärmere Sterne entstanden sein, die dann länger existieren konnten – und in Einzelfällen vielleicht bis heute überlebt haben. Sie unter Milliarden anderer Sterne identifizieren zu wollen, käme allerdings der berühmten Suche nach der Stecknadel im Heuhaufen gleich.

58 › Wie schwer ist der schwerste Stern?

Als riesige Gaskugeln sind Sterne recht labile Objekte: Eigentlich neigt Gas dazu, sich in einem zur Verfügung stehenden Raum gleichmäßig auszudehnen. Aber schon von der Erde her wissen wir, dass die Erdatmosphäre durch die Anziehungskraft unseres Planeten zusammengehalten wird. Andererseits lässt sich Gas in hohem Maße verdichten, sollte also in einem entsprechend starken Schwerefeld immer enger zusammenrücken können. Dieser andauernden Schrumpfung setzt das Gas nicht nur einen zunehmenden Druck entgegen; vielmehr steigt gleichzeitig die Temperatur der Gasmassen im Innern immer weiter an, bis schließlich atomare Barrieren überwunden werden und im Zentrum die Kernverschmelzungsprozesse zünden. Sie erst versorgen den Stern mit der Energie, die er über Jahrmillionen oder gar -milliarden in den umgebenden Weltraum abstrahlt. Dort, wo die Masse des Gasballs nicht ausreicht, um für die notwendige Zentraltemperatur (etwa drei Millionen Kelvin) zu sorgen, kühlt der „verhinderte Stern“ als sogenannter Brauner Zwerg langsam aus. Dadurch kann er zwar immer weiter schrumpfen, doch wird die Temperatur im Zentralbereich die kritische Grenze zur Wasserstofffusion nie überschreiten; trotzdem können auch in einem Braunen Zwerg Kernfusionen stattfinden: Man geht heute aufgrund von Modellrechnungen davon aus, dass die Untergrenze für die Masse eines Sterns bei etwa acht Prozent der Sonnenmasse liegt.

Die Grenzen des Wachstums

In ähnlicher Weise sollte man auch die Obergrenze für einen Stern bestimmen können, jenseits derer die Zentraltemperatur so weit ansteigt, dass die Kernreaktionen zu schnell ablaufen und dabei so viel Energie freisetzen, dass der Stern gleichsam auseinanderfliegen muss. Wahrscheinlich wird die Entstehung solch massereicher Sterne aber schon während der Wachstumsphase verhindert, zum Beispiel dadurch, dass der Strom an nachrutschenden Rohstoffen durch eine zu intensive Strahlung des entstehenden Sterns gestoppt wird.

Im 30-Doradus-Komplex, einer Sternentstehungsregion in der Großen Magellanschen Wolke, beobachteten Astronomen den bislang massereichsten Stern im Universum, das Objekt R136a1.

Lange Zeit hindurch glaubte man, diese Grenze läge bei etwa 150-facher Sonnenmasse. 2010 konnten Astronomen jedoch zeigen, dass ein Stern in einem etwa 170.000 Lichtjahre entfernten Sternhaufen der Großen Magellanschen Wolke am Südhimmel etwa 265 Sonnenmassen in sich vereinen müsse. Wäre der Monsterstern mit der Bezeichnung R136a1 auf gleichem Wege wie die Sonne und die meisten anderen Sterne auch entstanden, sollte er anfangs sogar eine rund 320-fache Sonnenmasse besessen haben. Möglicherweise ist er allerdings auch aus der Verschmelzung zweier oder mehrerer kleinerer Sterne hervorgegangen, denn immerhin steht R136a1 in einem extrem dichten Sternhaufen, der etwa 100.000 Sterne enthält.

59 › Können Sterne zusammenstoßen?

Im Straßenverkehr kommt es – leider – immer wieder zu Karambolagen, bei denen zwei Verkehrsteilnehmer miteinander zusammenstoßen. Angesichts von weit mehr als 100 Milliarden Sternen in der Milchstraße kann man sich daher durchaus fragen, ob auch Sterne gelegentlich miteinander kollidieren.

Eine einfache Überlegung zeigt, dass ein solches Ereignis nahezu beliebig unwahrscheinlich ist. Wenn wir zum Beispiel die (geschätzten) 200 Milliarden Sterne der Milchstraße gleichmäßig auf einen Raum von 100.000 Lichtjahren Durchmesser und 5000 Lichtjahren Höhe verteilen, ergibt sich als mittlerer Abstand der Sterne untereinander eine Strecke von rund sieben Lichtjahren.

Würden alle Sterne bis auf einen ruhen und sich dieser mit 20 Kilometer pro Sekunde bewegen (das entspricht etwa der Eigenbewegung der Sonne relativ zu den Sternen der Umgebung), so würde dieser Stern für die Strecke von sieben Lichtjahren bis zum nächsten Stern etwa 100.000 Jahre benötigen.

Die Wahrscheinlichkeit, dann auf den entsprechend weit entfernten Nachbarstern zu treffen, ist ebenso gering wie die Querschnittsfläche dieses Sterns relativ zur Gesamtfläche einer gedachten Kugel von sieben Lichtjahren Radius – etwa 1 zu 40 Billiarden – und das nach 100.000 Jahren. Selbst über das geschätzte Alter der Milchstraße von etwa 10 Milliarden Jahren steigt diese Wahrscheinlichkeit nur auf 1 zu 100 Milliarden an, dass ein bestimmter Stern mit einem beliebig anderen Stern zusammenstößt.

Kollisionen in Kugelsternhaufen

Natürlich sind die Verhältnisse in einem realen Sternsystem nicht so ideal wie bei der für diese Abschätzung angenommenen gleichmäßigen Verteilung. Trotzdem bleibt eine Kollision zweier beliebiger Sterne auch dann äußerst unwahrscheinlich. Die Sterne sind eben viel zu klein, als dass sie einfach zu treffen wären.

Die Zentralregion des Kugelsternhaufens 47 Tucanae enthält zahlreiche Blue Stragglers (gelb eingekreist), die jeweils aus dem Zusammenstoß zweier alter Sterne hervorgegangen sind.

Anders sind die Verhältnisse in einem Kugelsternhaufen, vor allem in seiner Kernregion. Wenn die Sterne dort nur einige Lichtmonate auseinanderstehen, steigt die „Trefferwahrscheinlichkeit" gleich aus zwei Gründen an: Zum einen erscheint der jeweils nächste Nachbarstern aufgrund seiner geringeren Distanz um einiges größer, und zum anderen wird diese geringere Entfernung in deutlich kürzerer Zeit zurückgelegt.

Tatsächlich beobachten die Astronomen in etlichen Kugelsternhaufen Sterne, die dort eigentlich nicht vorkommen dürften, sogenannte Blue Stragglers oder Blaue Nachzügler. Sie heißen so, weil sie aufgrund ihrer vergleichsweise großen Masse bläulich leuchten und daher im klassischen Sinne jung sein müssen. Vereinzelte junge Sterne kann es aber in einem Kugelsternhaufen nicht geben, so dass die Astronomen davon ausgehen, dass sie durch Kollision und Verschmelzung zweier masseärmerer Sterne entstanden sind.

60 › Wieso gibt es „Nebel“ im All?

Im Kosmos gibt es ganz unterschiedliche Arten von Nebel. Keine hat etwas mit dem zu tun, was wir im Alltag unter Nebel verstehen – nämlich Wolken aus kleinsten Flüssigkeitströpfchen.

Ursprünglich nannten Astronomen alle leuchtenden und nicht scharf begrenzten, flächenhaften Gebilde am Himmel Nebel. Da selbst ganze Galaxien, also große Sternsysteme, mit bloßem Auge und im Teleskop als „Nebelflecke“ erscheinen, wurden auch diese Objekte als Nebel bezeichnet – so etwa der bekannte Andromeda-Nebel. Manchmal werden solche Sternsystem-Nebel auch „außergalaktische“ (außerhalb der Milchstraße liegende) Nebel genannt. Korrekt heißt der Andromeda-Nebel allerdings Andromeda-Galaxie, denn es handelt sich dabei um

Die Andromeda-Galaxie ist kein (galaktischer) Nebel. Der aus der Science-Fiction bekannte Andromeda-Nebel müsste korrekterweise Andromeda-Galaxie genannt werden.

Der Pferdekopfnebel: Seine dunkle Silhouette aus kosmischem Staub hebt sich von den dahinter liegenden rot leuchtenden Wasserstoffnebeln ab.

eine eigene Milchstraße. Heutzutage bezeichnet der Begriff „Nebel" in der Astronomie fast ausschließlich Wolken aus Staub und Gas, die sich zwischen den Sternen innerhalb einer Galaxie befinden.

Lichtspiele mit Sternen

Diese Ansammlungen von Gas und Staub werden auf unterschiedliche Weise zum Leuchten gebracht. Emissionsnebel leuchten, weil sie angeregt durch die Strahlung heißer Sterne selbst Licht aussenden. Reflexionsnebel dagegen reflektieren das Licht benachbarter Sterne. Dunkelnebel, auch Dunkelwolken genannt, sind zu weit von Sternen entfernt, um deren Licht zu reflektieren oder selbst zum Leuchten angeregt zu werden. Als dunkle Wolken aus Gas und Staub schlucken sie das Licht von hinter ihnen liegenden Sternen und anderen, leuchtenden Nebeln und werden so selbst sichtbar. Verdichtet sich die Materie in Nebeln immer weiter, so werden diese zur Geburtsstätte neuer Sterne.

61 › Welches Schicksal steht der Milchstraße bevor?

Als der Göttersohn Herakles ungestüm an der Brust der griechischen Göttin Hera saugte, stieß sie ihn zurück und ein Strahl ihrer Muttermilch wurde über den Himmel verspritzt – so soll die Milchstraße entstanden sein. Dieser griechischen Sage entstammt der Name unserer Heimatgalaxie, die am Nachthimmel in der Tat als milchiges Band schimmert. Der Begriff „Galaxie“ ist vom altgriechischen Wort für Milch, gala, abgeleitet.

Die Milchstraße ist – nach dem bekannten Andromeda-Nebel (zutreffender: Andromeda-Galaxie) – die zweitgrößte Galaxie in einer Gruppe von mehr als 50 Galaxien, die „Lokale Gruppe“ genannt wird. Milchstraße und Andromeda-Galaxie bewegen sich mit einer Geschwindigkeit von 120 Kilometern pro Sekunde aufeinander zu. In gut drei Milliarden Jahren könnten beide Galaxien aufeinander treffen. Allerdings lässt sich noch nicht vorhersagen, was genau passieren wird. Mittels Beobachtungsdaten und etwas Fantasie kann man aber schon heute ein wahrscheinliches Zukunftsszenario entwickeln. Entscheidend ist, ob sich beide Galaxien direkt aufeinander zu bewegen – dann werden sie zentral kollidieren – oder eng aneinander vorbeifliegen, sich dabei abbremsen und auf gebundenen Bahnen annähern oder relativ ungestört aneinander vorbeisausen, so dass sie letztlich eigenständige Galaxien bleiben.

Kollision der Welten

Beobachtungen von anderen Galaxienpaaren, die bereits aufeinander getroffen sind, sprechen dafür, dass sich auch Milchstraße und Andromeda-Galaxie erst spiralförmig „umtanzen“ und später zu einer großen elliptischen Galaxie verschmelzen. Den Sternen selber wird dabei nichts passieren, da sie Lichtjahre weit auseinander liegen. Modellrechnungen zufolge könnte sich allerdings ihre Umlaufbahn um das Zentrum der neu entstandenen Galaxie ändern – von einer kreisförmigen Umlauf-

Tief im Weltall können Galaxienkollisionen beobachtet werden – ein ähnliches Schicksal steht unserer Milchstraße bevor, wenn sie in rund drei Milliarden Jahren auf die Andromeda-Galaxie treffen wird.

bahn zu einer elliptischen. Gasatome und Staub der Galaxien prallen jedoch unweigerlich zusammen und ändern dadurch ihre Geschwindigkeit in Bezug auf die Sterne – die neue elliptische Galaxie verarmt an interstellarer Materie, aus der sich neue Sterne bilden.

Sollte die Sonne zu den Sternen gehören, die bei der allerersten nahen Begegnung mit der Andromeda-Galaxie von dieser „eingefangen" werden, hätten Menschen (so es sie dann noch gibt) für eine gewisse Zeit das Vergnügen, nachts die ganze Milchstraße von außen zu sehen.

62 › Wie hell ist es im Innern eines Kugelsternhaufens?

Kugelförmige Sternhaufen, kurz Kugelsternhaufen genannt, enthalten ziemlich viele Sterne auf vergleichsweise engem Raum: Rund 300.000 sind es bei Messier 13, dem hellsten Kugelsternhaufen am Nordhimmel. M 13, wie er kurz genannt wird, ist im Sternbild Herkules zu finden und hat einen Durchmesser von 145 Lichtjahren.

Das Licht der Sterne eines Kugelsternhaufens verrät, dass diese Sterne sehr alt sein müssen: Sie enthalten nur sehr wenig schwere Elemente, sind also offenbar entstanden, als es davon noch nicht so viel gab wie etwa vor 4,6 Milliarden Jahren bei der Entstehung der Sonne. Die Astronomen gehen aus mancherlei Gründen davon aus, dass die Kugelsternhaufen zu den ältesten Objekten der Milchstraße gehören. Rund 150 solcher Objekte sind in unserem Sternsystem und seiner Umgebung bekannt. Eigentlich handelt es sich eher um Satelliten unserer Galaxis, da sie zumeist auf langgestreckten Ellipsenbahnen um das Zentrum der Milchstraße ziehen.

Aus der Ferne betrachtet erscheinen manche von ihnen schon mit bloßem Auge als verwaschener Lichtfleck – ihre Sternhaufennatur wird erst in größeren Amateurteleskopen erkennbar. Lang belichtete Fotografien vermitteln schließlich den Eindruck, dass die Sterne im Zentrum dicht gedrängt stehen und der Himmel deshalb dort auch nachts von vielen Sternen erhellt wird.

Ein fantastischer Sternenhimmel

Könnte man die etwa 300.000 Sterne von M 13 gleichmäßig über die Kugel von 145 Lichtjahren Durchmesser verteilen, so stünde jedem Stern ein Raum von rund fünf Kubiklichtjahren zur Verfügung, und die Sterne wären im Schnitt zwei Lichtjahre voneinander entfernt. Allerdings ist die Sternverteilung in realen Kugelsternhaufen alles andere als gleichmäßig. Aus der Helligkeitsverteilung kann man ableiten, dass etwa die Hälfte der Sterne sich auf eine zentralen Bereich von lediglich etwa 20

Der Eindruck täuscht: Im Innern eines Kugelsternhaufens ist der Nachthimmel nicht taghell, sondern dunkler als gegen Ende unserer nautischen Dämmerung.

Lichtjahren Durchmesser konzentriert. 150.000 Sterne in dieser Enge zusammengepfercht heißt, dass der mittlere Sternabstand auf wenige Lichtmonate schrumpft.

Man darf davon ausgehen, dass die meisten dieser Sterne bestenfalls so hell wie die Sonne leuchten. Wesentlich hellere und damit massereichere Sterne als die Sonne werden keine 10 Milliarden Jahre alt und sind daher längst „ausgebrannt". Unsere Sonne erschiene in einer Entfernung von einem halben Lichtjahr etwa so hell wie die Venus am irdischen Himmel, und bis zu einem Abstand von knapp neun Lichtjahren – also Siriusentfernung – würde sie als Stern der ersten Größenklasse oder heller eingestuft. Weil aber in diesem Raumbereich von M 13 gut 100.000 Sterne anzutreffen sind, gäbe es für einen Beobachter im Zentrum dieses Kugelsternhaufens rund 100.000 Sterne der ersten Größenklasse und heller. Deren Gesamthelligkeit würde die des Vollmondes zwar noch übertreffen, aber kaum mit einer fortgeschrittenen Dämmerung konkurrieren können.

63 › Wie werden Entfernungen im Weltraum gemessen?

Oft spricht man von „astronomisch hohen Preisen". Astronomisch ist sprichwörtlich alles, was extrem groß ist. Tatsächlich werden in der Astronomie Maßeinheiten verwendet, die weit jenseits der Größenordnungen liegen, die wir im Alltag gewohnt sind. Der nächstgelegene Fixstern – Proxima Centauri – ist etwa 40.000.000.000.000 (40 Billionen) Kilometer entfernt. Schon dieses Beispiel zeigt, dass die uns vertraute Längeneinheit Kilometer im Universum völlig ungeeignet ist, um Entfernungen anzugeben.

Selbst mit Milliarden und Billionen Kilometern erreichen wir nur einen kleinen Teil des beobachtbaren Weltraums. In der Astronomie werden daher spezielle Längeneinheiten verwendet, die Entfernungen im All vergleichbar machen sollen.

Innerhalb unseres Sonnensystems geben Astronomen Entfernungen üblicherweise als ein Vielfaches der großen Halbachse der Erdbahn um die Sonne an. Diese „Astronomische Einheit" (AE) beträgt 149.597.870,691 Kilometer. Sie hat sich eingebürgert, da man mit einigen Messmethoden die Resultate direkt in Astronomischen Einheiten und nicht in Kilometern erhält. Der sonnennächste Planet, Merkur, befindet sich 0,39 Astronomische Einheiten von der Sonne entfernt, bei Jupiter sind es 5,2 und bei Neptun 30,1 Astronomische Einheiten. Der Abstand zu Proxima Centauri beträgt rund 270.000 Astronomische Einheiten.

Der Sprung zu den Sternen

Eine bekanntere Entfernungseinheit ist das Lichtjahr. Die Strecke, die das Licht im Vakuum in einem Jahr zurücklegt, beträgt 9.460.730.472.581 Kilometer. Die Einheit Lichtjahr gibt also auch an, wie weit wir in die Vergangenheit zurückschauen, wenn wir entfernte kosmische Objekte betrachten. Die Sonne sehen wir, wie sie vor etwa 8,3 Minuten ausgesehen hat. Von Proxima Centauri braucht das Licht schon 4,22 Jahre, bis es uns erreicht.

Durch die jährliche Bewegung der Erde um die Sonne scheint sich die Position eines nahen Sterns vor dem entfernten Hintergrund zu verschieben. Der Stern beschreibt im Laufe eines Jahres eine winzig kleine Ellipse beziehungsweise einen Kreis am Himmel. Die Darstellung übertreibt diese scheinbare Verschiebung stark.

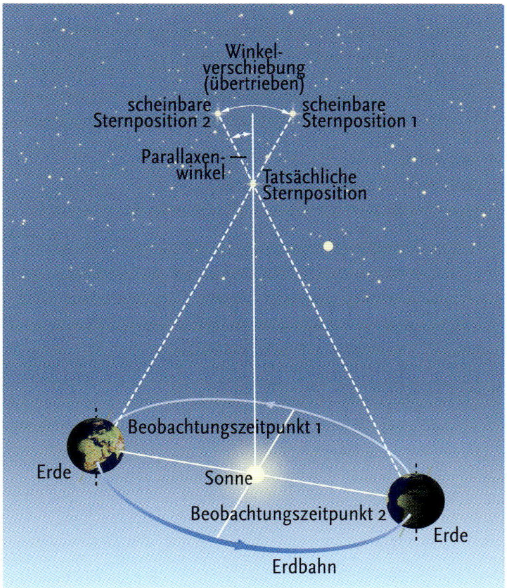

Die für Abstände zwischen Sternen und Galaxien gebräuchliche Einheit ist aber die Parallaxensekunde, abgekürzt Parsec (pc). Sie beruht auf der Entfernungsmessung sonnennaher Sterne. Infolge des jährlichen Umlaufs der Erde um die Sonne ändert sich scheinbar die Position eines solchen Sterns vor dem Hintergrund ortsfester, weit entfernter Objekte. Diese Bewegung nennt man „Parallaxe". Der Stern scheint im Laufe eines Jahres eine winzig kleine Ellipse am Himmel zu beschreiben. Je weiter der Stern von der Erde entfernt ist, desto kleiner erscheint diese Ellipse. Beträgt der Radius der Ellipse im Winkelmaß eine Bogensekunde (den 3.600sten Teil eines Winkelgrads), so ist der Stern genau ein Parsec entfernt. Ein Parsec entspricht 3,26 Lichtjahren. Der Stern Proxima Centauri hat die größte Parallaxe, weil er der Erde (beziehungsweise der Sonne) näher ist als alle anderen Sterne. Sie beträgt 0,772 Bogensekunden, was einem Abstand von circa 1,3 Parsec entspricht. Der Abstand zu Galaxien beträgt normalerweise viele Millionen Parsec und wird daher in Megaparsec (Mpc) angegeben.

64 › Wo liegen die nächsten Sterneninseln?

Unsere Heimatgalaxie, die Milchstraße, besteht aus mehr als 100 Milliarden Sternen und erstreckt sich mit ihren Spiralarmen über 100.000 Lichtjahre. Schon das sind für Menschen beinahe unvorstellbare Dimensionen; zudem ist die Milchstraße nur eine Galaxie unter wahrscheinlich Milliarden Galaxien, die in unterschiedlichen Formen und Größen im Universum zu finden sind.

Gruppen von Galaxien

Die Galaxien sind nicht gleichmäßig im Weltraum verteilt. Sie treten in Gruppen, Galaxienhaufen (sogenannte Cluster) und Superhaufen („Supercluster") auf. Unsere Milchstraße ist umgeben von mehreren Zwerg-

Die Spiralgalaxie Messier 33 im Sternbild Dreieck ist neben der Milchstraße und der Andromeda-Galaxie Teil der „Lokalen Gruppe" von Galaxien.

In Richtung des Sternbildes Jungfrau (lat.: Virgo) befindet sich der Virgo-Galaxienhaufen, das Zentrum des Virgo-Superhaufens.

galaxien, von denen die Große und die Kleine Magellansche Wolke am bekanntesten sind. Beide sieht man am Südhimmel mit bloßem Auge.

Auch die Andromeda-Galaxie ist trotz ihrer Entfernung von etwa 2,5 Millionen Lichtjahren mit bloßem Auge als schwacher Nebelfleck im Sternbild Andromeda sichtbar. Mit einem Durchmesser von etwa 150.000 Lichtjahren ist sie sogar noch etwas größer als unsere Milchstraße und wie diese von kleineren Satellitengalaxien umgeben. Die Andromeda-Galaxie ist eine der wenigen Galaxien, die sich auf uns zu bewegt und voraussichtlich in einigen Milliarden Jahren mit der Milchstraße kollidieren wird (siehe Seite 128, Frage 61).

Unsere Milchstraße und die Andromeda-Galaxie sind die massereichsten Mitglieder der sogenannten Lokalen Gruppe, die zudem noch etwa 40 Zwerggalaxien enthält. Auf noch größeren Längenskalen wird die Lokale Gruppe dem Virgo-Superhaufen zugeordnet. Im Zentrum des Virgo-Superhaufens befindet sich der Virgo-Galaxienhaufen, der nach dem Sternbild Virgo (Jungfrau) benannt ist, wo er am Himmel zu finden ist. Die Lokale Gruppe wird durch die große Masse des Virgo-Haufens angezogen und bewegt sich auf ihn zu.

65 › Wie viele Sterne gibt es im Kosmos?

Wer kennt es nicht, das Kinderlied „Weißt du, wieviel Sternlein stehen …“? Wie so oft bei Kinderfragen ist auch die Antwort in diesem Fall nicht ganz einfach zu finden.

Beginnen wir mit der Zahl der Sterne, die man mit bloßem Auge am Nachthimmel erkennen kann. Natürlich hängt sie von der Umgebungshelligkeit des jeweiligen Beobachtungsortes ab, aber auf einer einsamen Insel im weiten Ozean – ohne störende Straßenlaternen – sind im Schnitt maximal rund 3000 Sterne zu erkennen. Sie alle gehören zur näheren Umgebung der Sonne, denn selbst die hellsten Leuchtriesen sind mit bloßem Auge gerade einmal bis zu einer Entfernung von 25.000 Lichtjahren zu sehen, also etwa bis zur Gegend des Milchstraßenrandes oder – in der Gegenrichtung – bis zum Milchstraßenzentrum.

Diese Milchstraße oder Galaxis enthält aber wesentlich mehr Sterne. Wie viele es genau sind, kann man nicht sagen, denn das hängt unter anderem davon ab, wie sich die Gesamtmasse der Galaxis auf Sterne unterschiedlicher Größe verteilt. Meist weichen die Astronomen daher auf einen Vergleich aus: Wenn die Gesamtmasse der Galaxis in sonnenähnlichen Sternen vereint wäre, also in Sternen mit jeweils einer Sonnenmasse, dann enthielte die Galaxis nach neueren Beobachtungen etwa eine Billion Mitglieder – eine 1 mit 12 Nullen dahinter.

Milliarden von Sterneninseln

Seit den 1920er-Jahren wissen die Astronomen, dass die Milchstraße nicht das einzige Sternsystem im Kosmos ist: All die fernen Spiralnebel, die sie schon damals mit ihren Teleskopen gefunden hatten, sind ebenfalls Sterneninseln in den Weiten des Universums. Und seither sind noch zahllose weitere Galaxien dazu gekommen, die erst mit deutlich größeren Teleskopen sichtbar wurden. Ihre Gesamtzahl im überschaubaren Universum lässt sich nur noch schätzen.

So registrierte das Hubble-Weltraumteleskop vor einigen Jahren Licht aus einer Gegend im Sternbild Chemischer Ofen über einen Zeit-

Die Milchstraße enthält zwar einige Hundertmilliarden Sterne, aber jede Schneeflocke umfasst mehr Eismoleküle als viele Millionen Galaxien Sterne besitzen.

raum von insgesamt mehr als zehn Tagen. Die so gewonnene Hubble-Ultra-Deep-Field-Aufnahme (siehe auch Seite 144) zeigt auf einer Himmelsfläche von rund elf Quadratbogenminuten rund 10.000 Galaxien. Weil diese Fläche mit einer Kantenlänge von einem Zehntel des scheinbaren Monddurchmessers nur etwa ein Dreizehnmillionstel des gesamten Himmels abdeckt, ergäbe dies bei annähernd gleichmäßiger Verteilung etwa 130 Milliarden Galaxien.

Wenn wir großzügig jeder dieser Galaxien eine Billion Sterne zuordnen, kommen wir so auf insgesamt etwa 130 Trilliarden Sterne, eine 13 mit 22 Nullen dahinter. Doch so groß diese Zahl auch erscheinen mag: Schon ein Schluck Wasser enthält mehr Moleküle, als es Sterne im überschaubaren Universum gibt!

66 › Was passiert, wenn Galaxien zusammenstoßen?

Als Anfang der zwanziger Jahren des 20. Jahrhunderts klar wurde, dass viele nebelartig aussehende Fleckchen am Himmel nichts anderes als ferne, eigenständige Galaxien wie die Milchstraße waren, setzte ein Boom bei der Erforschung der extragalaktischen Sternsysteme ein. Mit Hilfe großer Teleskope konnte man diese weit entfernten Welteninseln immer genauer erforschen und vor allem auch ihre Geschwindigkeit untereinander messen. Zugleich stellte man fest, dass viele Galaxien Gruppen und Haufen bilden. Letztere können tausend bis zehntausend Einzelgalaxien enthalten. Da drängt sich zwangsläufig die Frage auf, ob Galaxien, die dort gewissermaßen in enger Nachbarschaft leben, zusammenstoßen können und was dann dabei passiert.

In der Tat beobachten wir seit einigen Jahrzehnten dank leistungsfähiger Großteleskope viele miteinander kollidierende Galaxien. Dabei spielt das Größen- und Massenverhältnis der beteiligten Galaxien eine wesentliche Rolle. Kleinere Zwerggalaxien können relativ unauffällig von großen Spiralgalaxien einverleibt werden und hinterlassen erkennbare Sternströme und Sternbewegungen in der größeren Galaxie als Spuren ihrer einstigen Existenz. Befinden sich gleich große Galaxien auf einem Kollisionskurs, so läuft ein möglicher Verschmelzungsvorgang spektakulärer ab. Da wir ihn bei den betroffenen Galaxien nur als eine Momentaufnahme sehen, sind wir auf Computersimulationen angewiesen, um über die dynamischen, bis zu einer Milliarde Jahre andauernden Vorgänge, im Zeitraffer Aufschluss zu erhalten.

Ein Feuerwerk an neuen Sternen

Zunächst nähern sich die Galaxien mit Geschwindigkeiten von einigen 100 Kilometern pro Sekunde an und es können sich erste Verbindungsbrücken aus Sternen bilden. Meist streifen sich dann bei der allerersten nahen Begegnung die ausgedehnten Galaxien an ihren Rändern, wo sich infolge von Gezeitenwechselwirkungen unübersehbar arm- und anten-

Die Antennengalaxien NGC 4038 und NGC 4039 sind ein eindrucksvolles Beispiel für zwei Galaxien, die miteinander verschmelzen. Die „Antennen“ sind das Ergebnis der Gezeitenwechselwirkungen zwischen den Galaxien.

nenförmige Sternformationen ausprägen. Bleibt es nicht bei dieser streifenden Begegnung und verlieren die Galaxien genügend Bewegungsenergie, geraten sie in einen Tanz umeinander, der sie immer enger zusammenführt. Am Ende verschmelzen beide Galaxien miteinander, womöglich auch ihre Zentren mit den dort befindlichen Schwarzen Löchern. Verblüffenderweise kollidieren die Sterne der Galaxien so gut wie gar nicht; sie erhalten im neuen Gesamtsystem eine neue Bahn. Das interstellare Gas und der Staub beider Galaxien prallen jedoch zusammen, was schlagartig zur Entstehung neuer Sterne führt. Der Gesamtvorrat für neue Sterne verbraucht sich dadurch rascher und die Sternentstehungsrate der neuen elliptischen Galaxie versiegt.

Vor Jahrmilliarden, als das Universum noch nicht so weit expandiert war und die Galaxien demzufolge dichter zusammenstanden, verschmolzen sie öfter als heute. Dies lässt sich gut beobachten, weil wir immer tiefer in die Vergangenheit des Kosmos zurückschauen können. Das Hubble-Weltraumteleskop hat hierbei unter anderem unschätzbare Dienste geleistet.

67 › Wie alt ist das Universum?

In der Archäologie lässt sich das Alter von Fundstücken oder der Zeitpunkt von Ereignissen manchmal relativ einfach bestimmen, zum Beispiel über die Anzahl von Baumringen oder die Zerfallsgeschwindigkeit von radioaktiven Elementen. Für das Alter der Welt gibt es keinen direkten und absoluten Anzeiger. Astronomen verwenden zwei Ansätze, um zu einer guten Schätzung zu gelangen.

Das Universum ist mindestens so alt wie die ältesten Objekte in ihm. Doch was sind die ältesten Objekte, deren Alter sich bestimmen lässt? Sterne sind aussichtsreiche Kandidaten – allerdings muss dabei einiges berücksichtigt werden. Die Lebensdauer eines Sterns ist umso kürzer, je massereicher er ist. Zudem enthalten viele der heute beobachtbaren Sterne chemische Elemente, die schwerer als Wasserstoff und Helium sind. Diese Sterne müssen später in der Entwicklungsgeschichte des Universums entstanden sein, weil es schwere Elemente nicht von Beginn an gab. Die schwereren Elemente mussten erst einmal in den ersten Sternen beziehungsweise frühen Sternengenerationen erbrütet werden. Die ältesten Sterne dürften folglich nur eine relativ geringe Masse besitzen und kaum schwere Elemente enthalten.

Die Senioren unter den Sternen

Solche Sterne findet man zum Beispiel in den Kugelsternhaufen, die sich um unsere Milchstraße gruppieren. Insbesondere Weiße Zwergsterne, die ihren nuklearen Brennstoff verbraucht haben und langsam auskühlen, dienen der Altersbestimmung. Beobachtungen der Kugelsternhaufen und die Abkühlzeit von Weißen Zwergsternen lassen auf ein Alter unserer Milchstraße von ungefähr zwölf Milliarden Jahren schließen.

Unabhängig vom Alter einzelner Objekte, die ein Mindestalter des Universums festlegen, lässt sich das Weltalter auch mittels der Urknalltheorie bestimmen. Dazu lässt man die Ausdehnung des Universums nach dem Urknall, die ja bis heute fortschreitet, rechnerisch rückwärts ablaufen – zurück in der Zeit bis zum Nullpunkt der Ausdehnung.

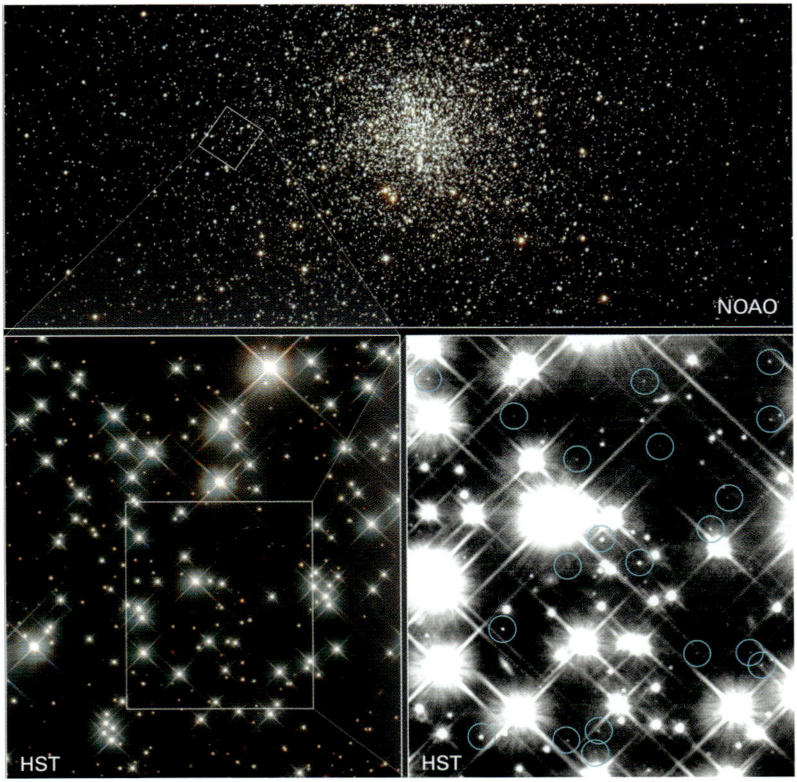

Oben: Der Kugelsternhaufen M 4, der mehrere hunderttausend Sterne enthält. Unten jeweils eine Vergrößerung des markierten Ausschnitts. Die blau eingekreisten Sterne sind Weiße Zwerge. Sie sind zwischen zwölf und 13 Milliarden Jahre alt und gehören damit zu den ältesten Sternen im Universum.

Allerdings ist die kosmische Expansion nicht immer gleichmäßig verlaufen; das wäre nur in einem vollkommen leeren Universum der Fall gewesen. Strahlung, Materie (einschließlich „Dunkler Materie") und Dunkle Energie beeinflussen die Expansion. Diese Einflüsse bestimmen Astronomen unter anderem anhand von Beobachtungen der kosmischen Hintergrundstrahlung. Daraus errechnen sie letztlich ein Weltalter von ca. 13,7 Milliarden Jahren.

68 › Wie entdeckt man ein Schwarzes Loch?

Schwarze Löcher sind astrophysikalische Objekte mit einer nahezu unglaublichen Massenkonzentration. Sie sind so schwer, dass sie den Raum um sich herum stark krümmen. Innerhalb eines gewissen Abstands, des „Ereignishorizonts", ist die Raumkrümmung so stark, dass diesen Bereich kein Licht oder sonstige Strahlung verlassen kann. Daher müssen Schwarze Löcher – wie der Name schon sagt – dem menschlichen Auge völlig schwarz erscheinen. Schwarze Löcher sind also per Definition beziehungsweise entsprechend der Allgemeinen Relativitätstheorie von Albert Einstein nicht beobachtbar. Woher wissen Astrophysiker dann, dass sie existieren? Tatsächlich gibt es viele Indizienbeweise, die indirekt das Vorhandensein von Schwarzen Löchern belegen: Im Zentrum unserer Milchstraße gibt es Sterne, die sich mit hoher Geschwindigkeit um eine unsichtbare Massenkonzentration bewegen. Der Verlauf ihrer Umlaufbahnen spricht für die Existenz eines Schwarzen Lochs.

Kosmische Staubsauger

Materie in der Umgebung eines Schwarzen Lochs wird durch dessen Schwerkraft angezogen, kann aber aufgrund seines Drehimpulses nicht direkt in das Zentrum des Schwarzen Lochs fallen. Ist das Schwarze Loch von interstellarem Gas umgeben, so sammelt sich dieses zunächst in einer sogenannten Akkretionsscheibe an. Durch die Reibung der angesammelten Teilchen und durch Magnetfelder heizt sich die Scheibe auf und leuchtet dann in allen Spektralfarben. Diese Strahlung kann mittels moderner Teleskope gemessen werden.

Kommt ein Stern einem Schwarzen Loch zu nahe, kann er durch die Gezeitenkräfte zerrissen werden und dabei ein charakteristisches Strahlungsmuster im Röntgenbereich aussenden.

Die durch Schwarze Löcher verursachte Raumkrümmung beeinflusst den Weg des Lichtes. Lichtstrahlen laufen nicht geradlinig an einer solchen Masse vorbei, sondern werden abgelenkt, ähnlich wie von einer optischen Linse aus Glas. Schwarze Löcher können als solche „Gravita-

Das computersimulierte Bild zeigt ein fiktives Schwarzes Loch von 10 Sonnenmassen aus 600 Kilometer Abstand. Die Milchstraße im Hintergrund erscheint durch die Raumkrümmung verzerrt und doppelt.

tionslinsen“ wirken. Wird z. B. dadurch die Bahn eines Sterns verzerrt, lassen sich aus solchen Beobachtungen Rückschlüsse auf die Natur der Gravitationslinse ziehen.

Strahlung aus Bereichen knapp außerhalb des Ereignishorizonts wird durch relativistische Effekte stark unterdrückt. Diese dunkle Zone – der „Schatten des Schwarzen Lochs“ – ist bislang zu winzig, um sie mit heutigen Teleskopen erkennen zu können. Doch in den nächsten Jahren erwartet man durch das Zusammenschalten von Radioteleskopen, diesen Effekt nachweisen zu können.

Wenn Astrophysiker Schwarze Löcher identifizieren, arbeiten sie also nach der gleichen Methode wie der aus Romanen bekannte Detektiv Sherlock Holmes. Sie beobachten detailgenau, sammeln Informationen und analysieren diese mittels logischer Schlüsse. Die Rolle der Lupe haben dabei moderne Teleskope übernommen.

69 › Gibt es ein Foto vom ganzen Universum?

Wenn mit dieser Frage gemeint ist, ob jemand außerhalb des Universums die Kamera gezückt und einen Schnappschuss vom gesamten Universum gemacht hat – dann lautet die Antwort natürlich Nein. Der Begriff Universum bedeutet die Gesamtheit aller Dinge, inklusive Raum und Zeit. Deshalb gibt es gar kein „außerhalb des Universums". In spekulativen kosmologischen Theorien werden allerdings auch andere Vorstellungen vertreten.

Eines der bekanntesten wissenschaftlichen Bilder

Eine – allerdings eher abstrakte – Abbildung des Universums ist die Karte der kosmischen Hintergrundstrahlung (siehe auch „Wo ist es im Universum am kältesten?" auf Seite 150). Anschaulich ist dagegen das Bild einer kleinen Himmelsregion, die vom Hubble-Weltraumteleskop aufgenommen wurde: Das Hubble Ultra Deep Field (HUDF). Das HUDF entstand aus 800 Einzelaufnahmen, die das Hubble-Weltraumteleskop zwischen dem 3. September 2003 und dem 16. Januar 2004 machte.

Der vom Hubble-Teleskop beobachtete Himmelsauschnitt ist zwar sehr klein – etwa eine Fläche, die man durch einen zweieinhalb Meter langen Strohhalm sieht – zeigt aber noch die entferntesten Strukturen und ermöglicht einen so tiefen Blick ins sichtbare Universum wie kein Bild zuvor. Es gibt uns eine Ahnung von der Größe des Universums. Das HUDF „zoomt" in eine bislang uninteressante Himmelsregion und zeigt dort, wo mit anderen Teleskopen bloß ein paar Sterne zu sehen waren, fast 10.000 Galaxien. Unter ihnen entdeckten Astronomen die lichtschwächsten und am weitesten entfernten Galaxien, die bisher beobachtet wurden – ihr Licht brauchte mehr als 13 Milliarden Jahre, um zur Erde beziehungsweise zum Hubble-Teleskop zu gelangen.

Das Hubble Ultra Deep Field zeigt noch die entferntesten Strukturen und ermöglicht einen so tiefen Blick ins sichtbare Universum wie kein Bild zuvor.

70 › Was hat es mit der Dunklen Energie auf sich?

Als Albert Einstein Anfang des 20. Jahrhunderts die Allgemeine Relativitätstheorie formulierte, ging er davon aus, dass das Universum statisch ist. Dazu musste er in seine Gleichungen einen zusätzlichen Ausdruck einfügen, die sogenannte Kosmologische Konstante. 1929 fand Edwin Hubble, dass sich entfernte Galaxien desto schneller von uns weg bewegen, je weiter sie entfernt sind; diese Beobachtung wies darauf hin, dass das Universum expandiert. In einem expandierenden Universum ist aber die Kosmologische Konstante nicht mehr zwingend erforderlich. Deshalb wurde in den folgenden Jahrzehnten ihre Notwendigkeit kontrovers diskutiert.

Das beschleunigte Universum

1998 änderte sich das schlagartig. Zwei Forschergruppen zeigten anhand von explodierenden Sternen, Supernovae der Klasse Ia, dass die kosmische Expansion nicht wie erwartet durch die Schwerkraft der Materie im Universum abgebremst wird. Tatsächlich expandiert das Universum sogar immer schneller. Eine beschleunigte Expansion würde man aber in einem Universum mit Kosmologischer Konstante erwarten. Als Oberbegriff für die verschiedenen Erklärungsansätze der Astronomen hat sich die Bezeichnung „Dunkle Energie“ durchgesetzt. Dass Dunkle Energie tatsächlich existiert, wurde durch diverse Untersuchungen, zum Beispiel der Mikrowellen-Hintergrundstrahlung, der großräumigen Verteilung der Materie im Raum, und mittels Gravitationslinsen bestätigt und quantifiziert: Das Universum (beziehungsweise seine Energiedichte) besteht zu 70 Prozent aus Dunkler Energie!

Über die Natur der Dunklen Energie spekulieren Astronomen allerdings noch immer. Häufig wird Dunkle Energie als Eigenschaft des Vakuums („Vakuumenergie“) interpretiert. In sogenannten Quintessenz-Modellen ist sie eine zeitabhängige Größe. Oder handelt es sich um eine Naturkonstante, die eine Raumkrümmung unabhängig von der Anwesenheit von Materie beschreibt? Manche Theorien vermeiden das Kon-

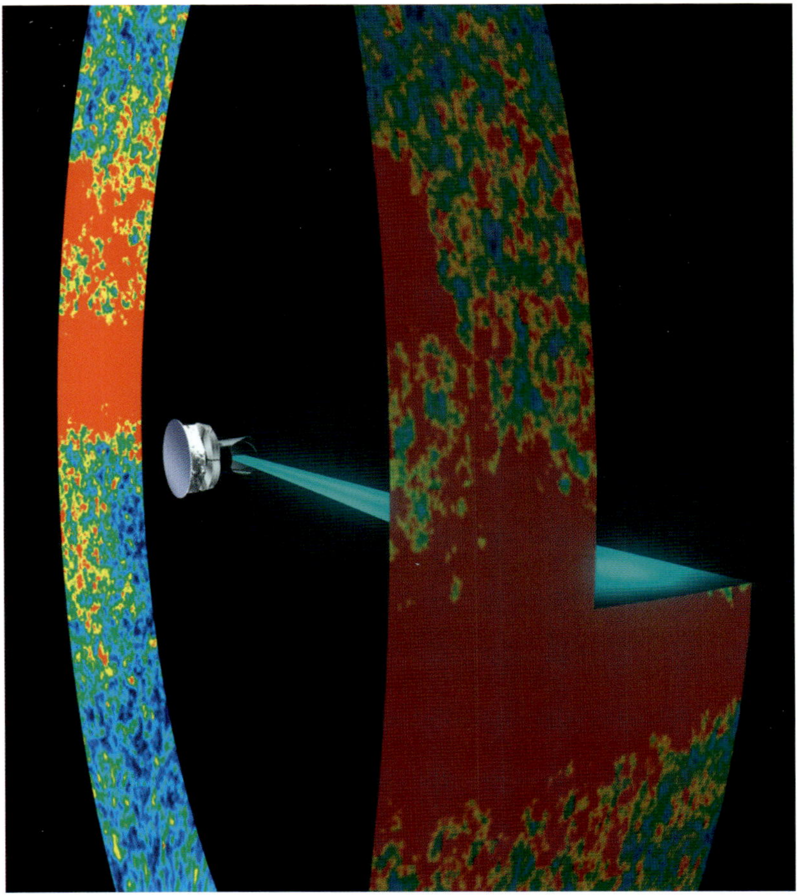

Das Weltraumteleskop Planck nimmt auch die Dunkle Energie ins Visier. Der am 14. Mai 2009 gestartete Satellit Planck scannt den gesamten Himmel im Mikrowellen-Bereich. Aus den Beobachtungen sollen auch Eigenschaften der Dunklen Energie abgeleitet werden.

zept der Dunklen Energie und versuchen, die Beobachtungen durch eine inhomogene Materieverteilung im Universum zu erklären. Um die vielfältigen Ideen zu überprüfen werden zahlreiche Experimente diskutiert.

71 › Wie schnell expandiert das Universum?

In den 1920er Jahren untersuchte der Namensgeber des Hubble Space Telescope, Edwin Powell Hubble, am Mount Wilson Observatory in Kalifornien die Entfernungen von Galaxien. Dazu analysierte er die elektromagnetische Strahlung der Galaxien und untersuchte die Rotverschiebungen in ihren Spektren, die u. a. durch den sogenannten Doppler-Effekt verursacht werden: Wenn sich eine Galaxie von uns weg bewegt, dann verschieben sich die Spektrallinien zum roten, langwelligen Ende des elektromagnetischen Spektrums. Bewegt sich eine Galaxie auf uns zu, dann sind die Spektrallinien zum blauen, kurzwelligen Ende des Spektrums verschoben. Ähnliches kennt man von Schallwellen: Die Tonhöhe (beispielsweise vom Martinshorn eines Krankenwagens) ändert sich, wenn sich die Schallquelle auf den Hörer zu oder von ihm weg bewegt.

Galaxien auf der Flucht

1929 veröffentlichte Hubble das Ergebnis seiner Untersuchung: Fast alle Galaxien entfernen sich von uns und ihre Geschwindigkeit wächst linear mit der Entfernung. Nach heutigen Messungen hat die „Hubble-Konstante" – die Proportionalitätskonstante zwischen der Entfernung einer Galaxie und ihrer Geschwindigkeit – einen Wert von etwa 74 Kilometer pro Sekunde und pro Megaparsec (das Parsec, Abkürzung für Parallaxensekunde, ist eine astronomische Längeneinheit für die Entfernung von Himmelskörpern). Das bedeutet, dass sich eine Galaxie im Abstand von einem Megaparsec mit einer Geschwindigkeit von 74 Kilometern pro Sekunde von uns weg bewegen würde.

Nun ist es allerdings unwahrscheinlich, dass sich die Erde im Zentrum des Universums befindet und sich deshalb alle Galaxien von uns weg bewegen. Naheliegender ist eine andere Ursache für die häufigen Rotverschiebungen: Das Universum expandiert. Die Theorie dazu hatten Alexander Friedmann (1922 und 1924) und Georges Lemaître (1927) im Rahmen der Einsteinschen Relativitätstheorie bereits geliefert. Dem-

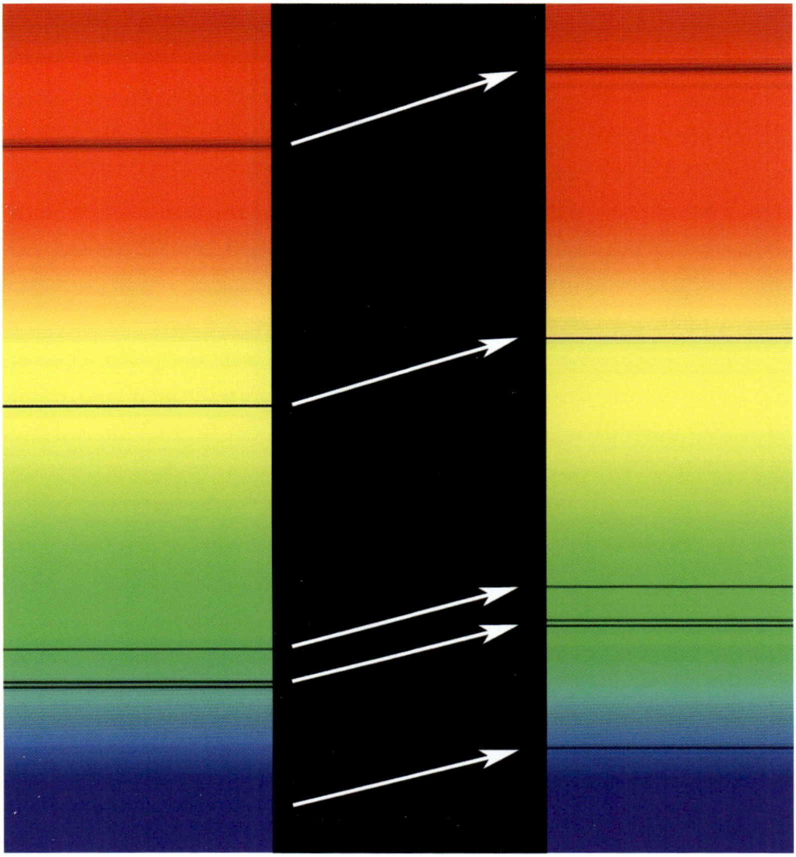

Rotverschiebung von Spektrallinien im optischen Spektrum. Die Illustration zeigt die Rotverschiebung der Spektrallinien eines weit entfernten Supergalaxienhaufens. Die Spektrallinien des Galaxienhaufens (rechts) sind im Vergleich zu denen der Sonne (links) nach oben beziehungsweise nach Rot verschoben.

nach beschreibt die Hubble-Konstante die Geschwindigkeit, mit der das Universum heute expandiert. Die Rotverschiebung wird nicht durch den Doppler-Effekt verursacht, sondern dadurch, dass im expandierenden Universum die Lichtwelle quasi gedehnt wird und die Wellenlänge dadurch zunimmt.

72 › Wo ist es im Universum am kältesten?

Das gesamte Universum ist durchdrungen von der sogenannten Mikrowellen-Hintergrundstrahlung, einem Überbleibsel des Urknalls. Mikrowellen sind – wie das sichtbare Licht – elektromagnetische Wellen. Sie haben jedoch eine Wellenlänge zwischen einem Meter und einem Millimeter (= ein Tausendstel Meter), während die Wellenlänge des sichtbaren Lichts zwischen 380 und 780 Nanometer (380 bis 780 Milliardstel Meter) liegt.

Die uns derzeit bekannten physikalischen Gesetze ermöglichen es, die Entwicklung unseres Universums ab einem winzigen Sekundenbruchteil nach dem Urknall zu beschreiben. Dort herrschten anfangs unvorstellbar hohe Temperaturen. Mit der Expansion des Universums sank allerdings die Temperatur – bis heute auf etwa −270 Grad Celsius. Die Ausdehnung des Raums dehnte nämlich auch die Wellenlänge der elektromagnetischen Strahlung, die heute im Mikrowellenbereich beobachtet wird. Diese Strahlung wird gleichmäßig aus allen Richtungen des Weltalls empfangen – daher die Bezeichnung „Hintergrundstrahlung". Sie würde jedes kältere Objekt auf die Weltraumtemperatur von −270 Grad Celsius „aufheizen". Entdeckt wurde sie zufällig im Jahr 1965.

Ein gleichmäßiges „Weltraumklima"

Kann es trotzdem kältere Orte im Universum geben? Ja, wenn sie abgeschirmt und aktiv gekühlt werden. Denn der absolute Nullpunkt, also die theoretisch tiefste Temperatur, liegt noch ungefähr drei Grad niedriger als die Weltraumtemperatur – bei −273 Grad Celsius. Bis auf wenige Millionstel Grad wird diese niedrigste Temperatur in den Labors der Tieftemperaturphysiker erreicht, wo Materie mit aufwändigen Verfahren gekühlt wird. Daher befindet sich der kälteste Ort des Universums auf der Erde – falls es nicht eine außerirdische Zivilisation gibt, in deren Labors Temperaturen erreicht werden, die noch näher am absoluten Nullpunkt liegen.

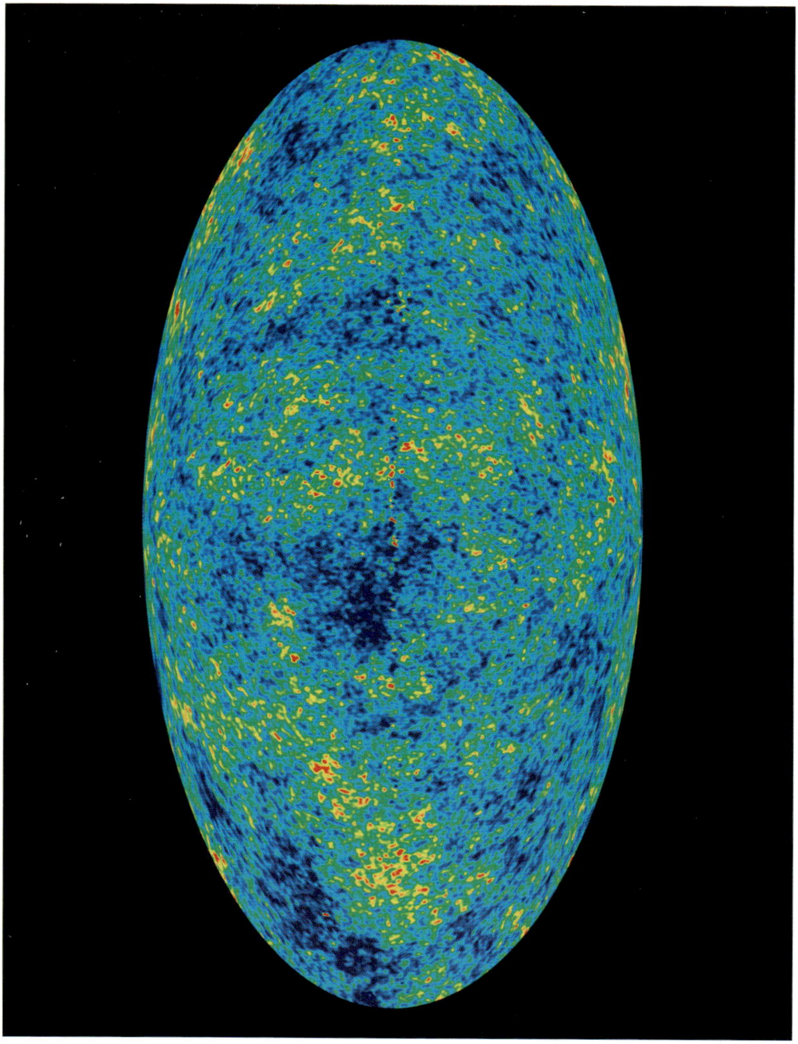

Eine Karte der kosmischen Hintergrundstrahlung des gesamten Himmels: Die Abbildung zeigt die vom Satelliten WMAP (Wilkinson Microwave Anisotropy Probe) aufgezeichnete Mikrowellen-Hintergrundstrahlung. Sie wird fast völlig gleichmäßig aus allen Richtungen des Weltalls mit einer Temperatur von etwa −270 Grad Celsius gemessen. Die unterschiedlichen Farben zeigen minimale Abweichungen von dieser Temperatur.

73 › Was versteht man unter dem kosmologischen Prinzip?

Das Weltbild bis zum Mittelalter sah eine klare Trennung vor zwischen den Bedingungen auf der Erde, die den Mittelpunkt der Welt bildete, und den außerhalb gelegenen göttlichen Sphären. Das änderte sich im 16. Jahrhundert: Nikolaus Kopernikus erkannte, dass die Erde einer von mehreren Planeten ist, die um unsere Sonne kreisen. Aber auch die Sonne hat keine herausragende Stellung; sie ist nur ein einzelner Stern von Milliarden Sternen in unserer Milchstraße. Und auch die physikalischen Gesetze, die wir von unserer irdischen Umgebung kennen, gelten im gesamten Universum: die Kraft, die einen in die Luft geworfenen Ball wieder zur Erde zurück zwingt, ist die gleiche Kraft, die die Bahnen der Planeten um die Sonne bestimmt. Wenn schon die Erde ihre Stellung als Zentrum der Welt verloren hat, gibt es denn überhaupt im Universum einen besonderen Ort, der sich von allen anderen unterscheidet? Oder ist das Universum „homogen"?

Das Universum hat keine Mitte

Die Strukturierung der Materie in Planeten, Sterne, Galaxien bis hin zu Galaxien-Superhaufen erschwert diese Betrachtung. Diese Objekte kommen aber häufig vor; sie definieren keinen besonderen ausgezeichneten Ort. Auf noch größeren Längenskalen zeigen die astronomischen Beobachtungen überhaupt keine abgegrenzten Strukturen mehr: Ab circa 100 Millionen Lichtjahren ist das Universum homogen.

Selbst in einem homogenen Kosmos könnte aber eine besondere Richtung definiert sein, zum Beispiel durch ein großräumiges Magnetfeld oder durch eine periodische Änderung in einer bestimmten Richtung. Auch das wird nicht beobachtet. Ganz im Gegenteil: Messungen der kosmischen Hintergrundstrahlung zeigen, dass deren Intensität aus allen Richtungen gleich stark ist. Schwankungen ihrer Intensität lassen sich erst im Millionstel-Bereich nachweisen. Das Universum ist also auch räumlich isotrop, das heißt, es gibt keine Vorzugsrichtung.

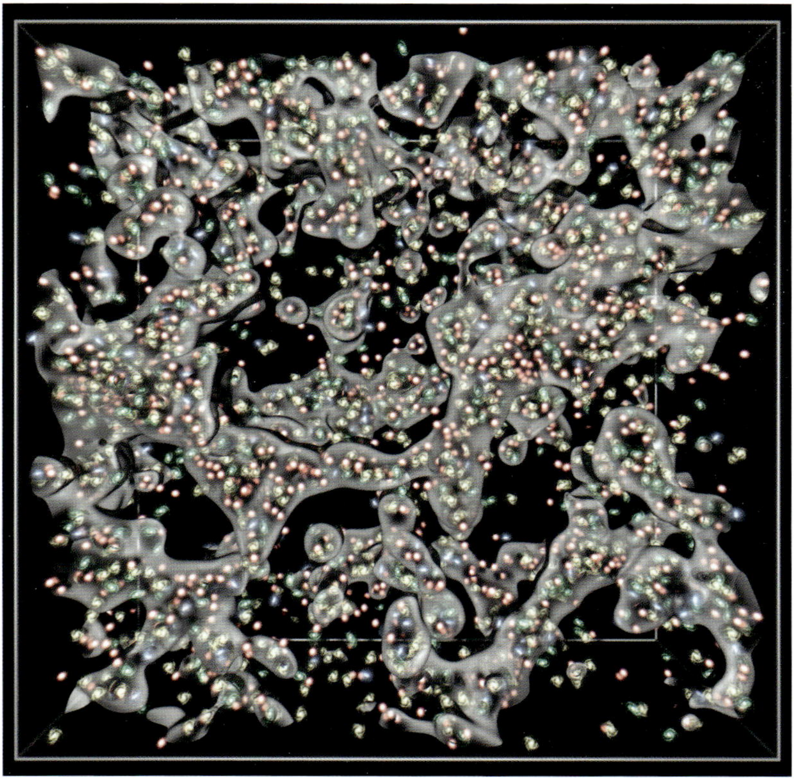

Im Rahmen des Projekts „2dF Galaxy Redshift Survey“ wurden von über 200.000 Galaxien die Entfernungen bestimmt. Das hier in einer Illustration umgesetzte Ergebnis zeigt, dass die Galaxien eine netzartige Struktur bilden, die das ganze Universum gleichmäßig ausfüllt.

Diese beiden Eigenschaften sind Inhalt des kosmologischen Prinzips: Das Universum ist räumlich homogen und isotrop. Es gibt, abgesehen von lokalen Variationen, keinen ausgezeichneten Ort, keinen Mittelpunkt und keine ausgezeichnete Richtung.

Das kosmologische Prinzip verallgemeinert praktisch das kopernikanische Prinzip. Es ist die Grundlage für unser Weltmodell eines seit dem Urknall expandierenden Universums.

74 › Was sind Gravitationslinsen?

Vor etwa 90 Jahren unternahm Arthur Eddington eine Expedition nach Westafrika, um die Allgemeine Relativitätstheorie von Albert Einstein zu bestätigen. Eddington war natürlich kein Völkerkundler oder Geologe, sondern Astrophysiker und er beobachtete dort am 29. Mai 1919 eine Sonnenfinsternis. Die ermöglichte es ihm, Sterne in der Sonnenumgebung zu fotografieren. Diese Sterne lagen praktisch in der gleichen Blickrichtung wie die Sonne und wurden von ihr normalerweise überstrahlt. Eddington fand dabei den von Einsteins Theorie vorhergesagten Effekt: Die Sterne schienen nicht mehr an ihrer wirklichen Position zu stehen, sondern an einem geringfügig verschobenen Ort. Das Licht der Sterne wurde durch das Gravitationsfeld der Sonne abgelenkt, so dass sie scheinbar etwas weiter von der Sonne entfernt standen. Der Effekt betrug am Sonnenrand nur 1,74 Bogensekunden, winzige Bruchteile eines Grades.

Eine Bestätigung der Allgemeinen Relativitätstheorie

Damit gelang Eddington die erste experimentelle Bestätigung der Allgemeinen Relativitätstheorie: Ein massereicher Körper, wie zum Beispiel unsere Sonne, krümmt den Raum. Deshalb laufen Lichtstrahlen nicht geradlinig an einer solchen Masse vorbei, sondern werden abgelenkt, ähnlich wie von einer optischen Linse aus Glas.

Gravitationslinsen sind also massereiche Körper – zum Beispiel Sterne, Galaxien oder ganze Galaxienhaufen – die das Licht von hinter ihnen liegenden Objekten ablenken. Je nach Lage und Massenverteilung erzeugt die Gravitationslinse Helligkeitsänderungen und verzerrte Abbildungen. Wenn Linse und Quelle genau auf einer Linie liegen, kann das Objekt als „Einsteinring" sichtbar werden, bei anderen Geometrien können Bögen und Mehrfachbilder entstehen. Die Analyse solcher Bilder erlaubt Rückschlüsse auf die Form und Masse der Gravitationslinsen und ermöglicht die Untersuchung der Massenverteilung im Universum.

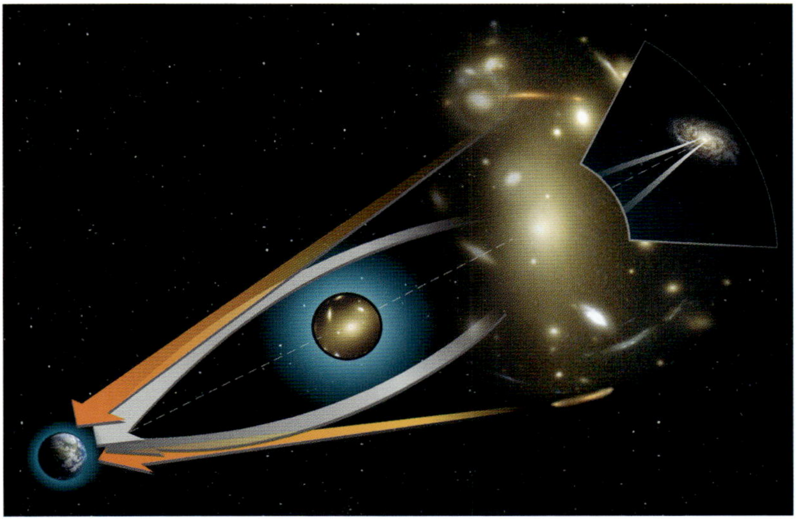

Das Prinzip einer Gravitationslinse: Gravitationslinsen sind massereiche Körper, die den Raum krümmen. Deshalb laufen elektromagnetische Wellen, wie zum Beispiel Licht, nicht geradlinig an einer solchen Masse vorbei, sondern werden abgelenkt, ähnlich wie von einer optischen Linse. Hinter den Gravitationslinsen liegende Sterne scheinen für einen Beobachter nicht mehr an ihrer wirklichen Position zu stehen, sondern an einem geringfügig verschobenen Ort.

Foto einer Gravitationslinse: Das Hubble-Weltraumteleskop konnte beim zwei Mrd. Lichtjahre entfernten Galaxienhaufen Abell 2218 die raumkrümmende Wirkung des Haufens anhand von Lichtbögen nachweisen.

75 › Was sind Gravitationswellen?

Raum und Zeit sind auch nicht mehr das, was sie früher einmal waren – unbeeinflussbare und absolute Dimensionen des Universums. So beschrieb sie Isaac Newton im 17. Jahrhundert. 1915 aber vollendete Albert Einstein seine Allgemeine Relativitätstheorie, die unsere Vorstellungen von Raum und Zeit grundlegend änderte. Die Allgemeine Relativitätstheorie behandelt eine der fundamentalen physikalischen Kräfte – die Gravitation beziehungsweise die Schwerkraft. Diese Kraft verursacht das Gewicht von Gegenständen auf der Erde, die Bewegung der Planeten um die Sonne, die Entstehung Schwarzer Löcher, und sie wirkt der Expansion des Universums entgegen.

Einsteins Theorie sagt die Existenz von sogenannten Gravitationswellen vorher. Gravitationswellen ändern die Struktur der Raumzeit, sie stauchen und dehnen den Raum an sich – ähnlich wie eine durch einen Steinwurf verursachte Welle sich im Wasser ausbreitet. Gravitationswellen entstehen, wenn eine Masse beschleunigt wird. Besonders starke Gravitationswellen werden von explodierenden Sternen oder Schwarzen Löchern verursacht. Die Änderungen des Gravitationsfeldes, also die Raumverzerrungen, die dabei auftreten, breiten sich mit Lichtgeschwindigkeit als Gravitationswellen aus. Eine solche Gravitationswelle bewirkt eine kurzfristige, rhythmische Stauchung und Dehnung des Raums: Die Abstände zwischen Objekten oder zwei beliebigen Punkten im Raum ändern sich.

Wird LISA Einstein Recht geben?

Um Gravitationswellen nachzuweisen, bräuchte man eigentlich nur zwei Testmassen, deren Abstandsänderung gemessen wird. Das Problem ist: Die Wirkung von Gravitationswellen ist äußerst klein und daher nur schwierig nachzuweisen. Bei einem Abstand der Testobjekte von einem Kilometer beträgt die Abstandsänderung nur Bruchteile eines Atomkerndurchmessers. Deshalb ging Einstein ursprünglich davon aus, dass man Gravitationswellen wohl niemals nachweisen werde. Bislang gibt

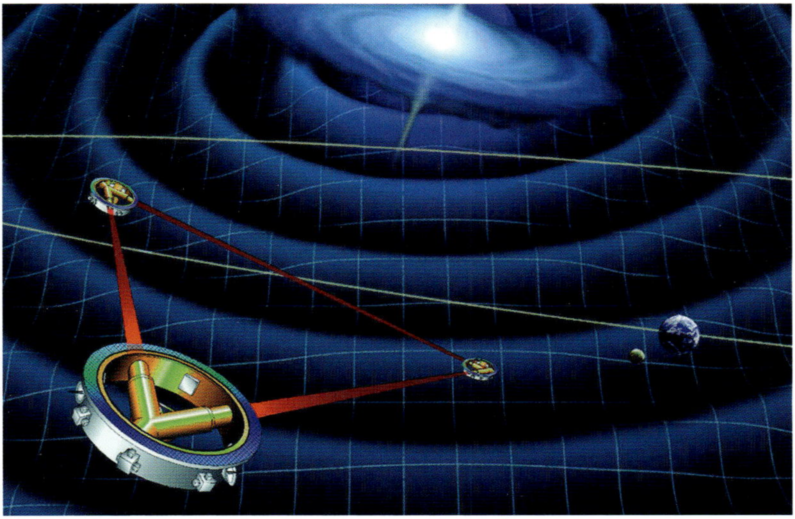

Die Darstellung zeigt schematisch die drei Satelliten der LISA-Mission. Sie bilden die Ecken eines Dreiecks mit fünf Millionen Kilometer Kantenlänge. Wird der Weltraum zum Beispiel durch die Gravitationswellen eines massiven Schwarzen Lochs gekrümmt, so verändert sich der Abstand der Satelliten. Mittels Laser sollen diese kleinsten Abstandsveränderungen gemessen werden.

es auch nur indirekte Hinweise, die sich aus astronomischen Beobachtungen ergeben. Aber der direkte Nachweis von Gravitationswellen lässt vielleicht gar nicht mehr lange auf sich warten: Neben mehreren Gravitationswellen-Detektoren auf der Erde ruhen die Hoffnungen auf LISA (Laser Interferometer Space Antenna), eine gemeinsam geplante Mission der amerikanischen Weltraumbehörde NASA und der europäischen Weltraumorganisation ESA. LISA besteht aus drei Satelliten mit Testmassen, die die Ecken eines Dreiecks bilden, dessen Seiten jeweils fünf Millionen Kilometer lang sind. Wird nun der Weltraum durch Gravitationswellen gekrümmt, so verändert sich der Abstand der Satelliten untereinander. Mittels Laser sollen diese kleinsten Abstandsveränderungen gemessen werden. Ob LISA Einstein also Recht geben wird, wird man erst in einigen Jahren wissen.

76 › Wieso gibt es überhaupt (noch) Materie?

Materie kennt jeder; schließlich besteht daraus die Welt – zumindest zum großen Teil. Materie ist, sehr vereinfacht formuliert, das, was man prinzipiell anfassen kann, also feste Körper und Gegenständliches – im Unterschied zu Energie oder auch zu Gedanken und Ideen. Antimaterie hingegen klingt schon spektakulärer und ein wenig mehr nach Science Fiction.

Tatsächlich aber ist Antimaterie nicht außergewöhnlicher als normale Materie. Materie ist aus kleinsten Teilchen – den Elementarteilchen – aufgebaut, zum Beispiel aus (positiv geladenen) Protonen und (negativ geladenen) Elektronen. Antimaterie besteht aus den entsprechenden Antiteilchen, also aus (negativ geladenen) Antiprotonen und (positiv geladenen) Positronen. Bei Antimaterie sind die elektrischen Ladungen der Elementarteilchen also genau umgekehrt. Bestünde unsere Welt komplett aus Antimaterie anstatt aus Materie, wir würden keinen Unterschied bemerken! Spektakuläres passiert aber, wenn Materie und Antimaterie aufeinander treffen: Sie vernichten sich gegenseitig, sie zerstrahlen zu reiner Energie. Umgekehrt können aus Strahlung wiederum Teilchen und Antiteilchen entstehen, vorausgesetzt, die Energie der Strahlung ist groß genug. Solches geschieht unter anderem in modernen Physiklaboratorien, beispielsweise den Teilchenbeschleunigern bei DESY in Hamburg oder beim CERN in Genf.

Der Schlüssel zu den Geheimnissen der Materie

Auch im frühen Universum, in den ersten Sekundenbruchteilen nach dem Urknall, herrschten solche extremen Bedingungen: Hochenergetische Strahlung verwandelte sich in Teilchen und Antiteilchen, in jeweils gleicher Menge. Diese verwandelten sich dann bei Zusammenstößen wieder in Strahlung und so ging es hin und her, bis mit der Ausdehnung des Universums die Temperatur sank und damit die Energie der Strahlung. Bereits eine Sekunde nach dem Urknall war die Temperatur so niedrig, dass keine Teilchen mehr aus Strahlung entstanden. Teilchen

Detektor für Materie und Antimaterie: Das Alpha Magnetic Spectrometer (AMS) wird Antimaterie mit hoher Präzision nachweisen können. Der Größenvergleich mit den Astronauten zeigt das beachtliche Ausmaß des Detektors (im Bild die große weiße Konstruktion rechts unten).

und Antiteilchen konnten und können jedoch weiterhin bei Zusammenstößen zerstrahlen.

Wenn nun Materie und Antimaterie tatsächlich in genau gleicher Menge entstanden sind, ergibt sich ein Problem: Wieso haben sich Materie und Antimaterie inzwischen nicht gegenseitig vollständig ausgelöscht? Wieso gibt es überhaupt noch Materie? Oder andersherum: Wo ist die ganze Antimaterie geblieben? Denn unser heutiges Universum besteht anscheinend nur noch aus Materie. Hat es eine räumliche Trennung von Materie und Antimaterie gegeben? Existieren möglicherweise weit entfernte Sterne und Galaxien, die vollständig aus Antimaterie bestehen? Dafür wurden bislang keine Hinweise gefunden.

Vielleicht wird das „Alpha Magnetic Spectrometer" (AMS), das Materie und Antimaterie mit hoher Präzision nachweisen kann, dabei helfen, diese Fragen zu beantworten. Es wurde im Mai 2011 auf der Internationalen Raumstation ISS angebracht und soll von dort aus mehrere Jahre lang die Teilchen aus dem Weltraum registrieren.

Eine andere Möglichkeit hat der russische Physiker und Friedensnobelpreisträger Andrei Sacharow bereits 1967 gesehen, wonach unter bestimmten Voraussetzungen wirklich mehr Materie als Antimaterie entstehen kann. Da die Antimaterie mit Materieteilchen komplett zerstrahlte, blieb als Überschuss die Materie, aus der unser heutiges Universum aufgebaut ist.

77 › Was ist die geheimnisvolle Dunkle Materie?

Die Geschwindigkeit der Planeten bei ihrem Umlauf um die Sonne folgt einer einfachen Gesetzmäßigkeit: Bei größerem Abstand zur Sonne nimmt die Geschwindigkeit ab. Das gleiche Verhalten erwartet man auch bei den Umlaufgeschwindigkeiten von Sternen um das Zentrum ihrer Galaxie. Doch hier zeigt sich in vielen Fällen eine Überraschung: in den Außenbereichen bleibt die Geschwindigkeit nahezu konstant, unabhängig vom Abstand zum Zentrum.

Bereits 1933 hatte der Astronom Fritz Zwicky die Geschwindigkeiten von Galaxien im Coma-Galaxienhaufen untersucht. In solchen Systemen gibt es einen Zusammenhang zwischen der Bewegungsenergie der Galaxien und der Schwerkraft des Gesamtsystems. Zwicky fand heraus, dass die Masse der sichtbaren Galaxien nicht ausreicht, um den Galaxienhaufen zusammenzuhalten.

WIMPs – die wichtigen Wichte

Beide Beobachtungen lassen sich erklären durch die Existenz einer zusätzlichen unbekannten Materieform, die kein Licht abstrahlt und sich nur durch ihre Schwerkraft bemerkbar macht. Sie wird daher Dunkle Materie genannt. Tatsächlich haben Astronomen neben den beiden beschriebenen Phänomenen weitere Beobachtungen gefunden, die auf die Existenz dieser Dunklen Materie hinweisen.

Doch woraus diese Dunkle Materie besteht, ist derzeit noch hypothetisch. Hier sind die Teilchenphysiker gefragt. Erfolgversprechende Kandidaten sind solche Teilchen, die neben der Gravitation auch einer der beiden Kernkräfte unterliegen: sogenannte schwach wechselwirkende massive Teilchen, auf Englisch „Weak Interacting Massive Particles“, oder kurz WIMPs. Da solche Teilchen durch die Erde fliegen können, ohne eine Spur zu hinterlassen, ist ihr Nachweis extrem anspruchsvoll. Doch mit ausgeklügelten Versuchsanordnungen erwartet man, sie z. B. durch Zusammenstöße zwischen WIMPs und normaler Materie nachweisen zu können.

Ein Ring aus Dunkler Materie: Über die Aufnahme des Galaxienhaufens ZwCl0024+1652, gewonnen vom Hubble-Weltraumteleskop, wurde blau eingefärbt die Verteilung von Dunkler Materie visualisiert. Die Karte der Dunklen Materie hat man indirekt durch Untersuchungen an den Galaxien erhalten, deren Abbilder durch den Gravitationslinseneffekt verzerrt sind.

78 › Woher wissen wir, dass es auch außerhalb unseres Sonnensystems Planeten gibt?

Seit altersher beobachten Menschen die Planeten, die unsere Sonne umkreisen. (siehe auch „Wieso hat die Woche eigentlich sieben Tage?“ auf Seite 18) Inzwischen wissen wir, dass es außer der Sonne noch Trilliarden andere Sterne im Universum gibt. Der Gedanke liegt nahe, dass viele dieser Sterne ebenfalls von Planeten umkreist werden. Der Nachweis solcher extrasolaren Planeten (kurz Exoplaneten) gelang erst in den 1990er Jahren. Exoplaneten sind jedoch kleine, Lichtjahre entfernte, nicht selbstleuchtende und für uns in der Regel unsichtbare Körper – wie kann man dann überhaupt nachweisen, dass es sie gibt?

Seit 1995 wurden rund 600 Exoplaneten gefunden, und ein Ende der Entdeckungen ist nicht abzusehen. Obwohl inzwischen auch der Nachweis durch bildgebende Verfahren gelungen ist, haben sich bei der Suche nach Exoplaneten zwei indirekte astronomische Messverfahren besonders bewährt: Die „Radialgeschwindigkeitsmethode“ und die „Durchgangs- oder Transitmethode“.

Methoden zum Nachweis von extrasolaren Planeten

Die Radialgeschwindigkeitsmethode beruht darauf, dass ein Stern und sein umkreisender Planet aufgrund ihrer Schwerkraft wechselseitig aufeinander einwirken. Deshalb bewegt sich der Stern periodisch (synchron mit der Umlaufzeit des Planeten) entlang der Sichtlinie ein wenig auf uns zu und wieder von uns weg. Eine solche Radialbewegung führt im elektromagnetischen Spektrum des Sterns gemäß dem Doppler-Effekt zu einer kleinen, periodischen Verschiebung der Spektrallinien – einmal zum blauen Wellenlängenbereich hin, dann wieder zum roten (siehe auch „Wie schnell expandiert das Universum?“ auf Seite 148). Analysiert man das „Hin- und Hertanzen“ der Spektrallinien quantitativ, so lässt sich daraus die sogenannte Radialgeschwindigkeitskurve herleiten. Aus ihr ergeben sich Parameter der Planetenbahn und die maximale Masse des Planetenkandidaten. Ist Letztere geringer als die Masse, die ein Him-

Das Weltraumteleskop CoRoT hat Ende 2007/Anfang 2008 seinen ersten Gesteinsplaneten außerhalb unseres Sonnensystems entdeckt (künstlerische Darstellung). CoRoT-7b entpuppte sich als sieben Mal so schwer wie die Erde und von nahezu doppelter mittlerer Dichte.

melskörper zum Zünden einer Kernfusion benötigt, dann handelt es sich tatsächlich um einen Planeten.

Die Durchgangs- oder Transitmethode funktioniert, wenn die Umlaufbahn des vermeintlichen Planeten so liegt, dass er aus Sicht der Erde genau vor dem Stern vorbeizieht. Während des Transits „verschluckt" er etwas von der Strahlung der Sternscheibe und ein Helligkeitsabfall des Sternlichts ist messbar. Aus diesen Messungen lassen sich zusammen mit anderen Daten (wie etwa der Entfernung des Sterns von der Erde) der Radius des Planeten und seine Dichte berechnen. Dann weiß man, ob es sich um einen Gesteins- oder Gasplaneten handelt. Solche Erkenntnisse gehen auch in Modelle zur Planetenentstehung ein und helfen, die Entwicklung von Planetensystemen besser zu verstehen.

79 › Wo könnte im All Leben entstehen?

Lebewesen, wie wir sie kennen, benötigen in der Regel flüssiges Wasser zum Leben. Auf der Oberfläche eines Planeten kann Wasser nur in flüssiger Form vorkommen, wenn der Planet nicht zu weit von seinem Stern, sprich seiner „Sonne“, entfernt ist, sonst gefriert das kostbare Nass. Andererseits darf er ihr nicht zu nahe kommen, damit es nicht verdunstet.

Es gibt also einen Abstandsbereich um das Zentralgestirn, in dem sich ein Planet aufhalten muss, damit auf seiner Oberfläche Wasser in hinreichender Menge dauerhaft flüssig bleibt. Dieser Bereich heißt habitable – also bewohnbare – Zone. Wo in einem Planetensystem diese

Wo die habitable Zone verläuft, hängt von der Leuchtkraft beziehungsweise Masse des Sterns ab. Nur wenn die Umlaufbahn eines Planeten in diesem relativ temperaturstabilen Bereich verläuft, bleibt auf seiner Oberfläche vorhandenes Wasser flüssig. Links sind Hauptreihensterne verschiedener Masse von oben nach unten aufgeführt. Unsere Sonne steht in der Mitte. Von links nach rechts ist die Entfernung der Planeten vom Zentralgestirn angegeben. Je massereicher und leuchtkräftiger der Stern ist, desto weiter rückt die habitable Zone von ihm fort (blauer Streifen).

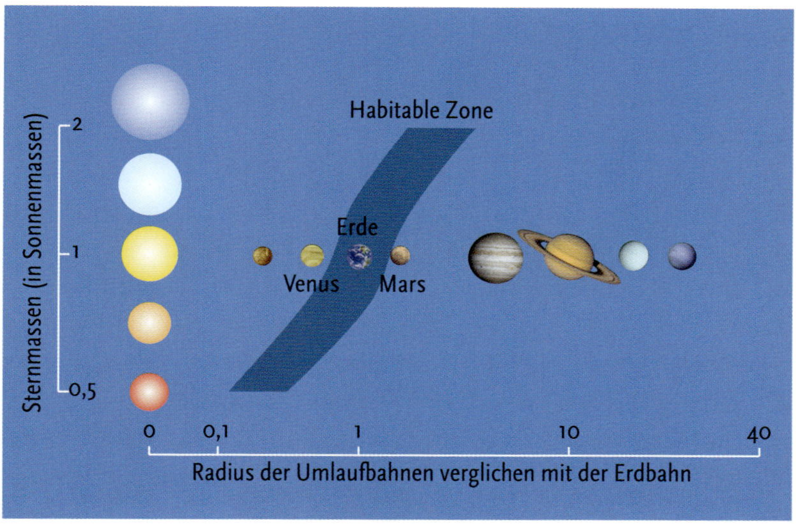

Die habitable Zone in der Milchstraße. Sie dehnt sich infolge der Zunahme und Ausbreitung von Elementen schwerer als Helium langsam nach außen aus. Der gelbe Punkt markiert den Ort der Sonne; mehr zum Bild auf Seite 15.

lebensfreundliche Zone verläuft, hängt vor allem von der Masse und der Größe des jeweiligen Sterns ab. Die nebenstehende Illustration zeigt, in welchem Abstand vom Stern die habitable Zone verläuft (blauer Streifen). Dabei sind von oben nach unten verschiedene sonnenähnliche Sterne (bezogen auf die Fusionsvorgänge im Innern) unterschiedlicher Leuchtkraft dargestellt.

Auch in Galaxien gibt es Lebenszonen

Auch für Galaxien, also große Ansammlungen von Sternen mit möglichen Planetensystemen, lassen sich habitable Zonen angeben. Einerseits darf ein Planetensystem nicht zu weit vom Zentrum seiner Galaxie entfernt sein, denn sonst sind die chemischen Elemente, die nötig sind, damit sich Lebensformen entwickeln können, nicht in hinreichend optimaler Menge vorhanden. Andererseits muss ein bewohnbares Planetensystem einen gewissen Mindestabstand vom sternreichen Zentrum der Galaxie haben, denn sonst machen die Anziehungskräfte sowie die energiereiche Strahlung vieler naher Nachbarsterne und Supernovae die Entstehung von biologischen Zellstrukturen von vornherein unmöglich.

80 › Gehen die Uhren an Bord eines Raumschiffs wirklich langsamer?

Ja, je nach Geschwindigkeit! Albert Einstein hat im Jahr 1905 seine berühmte „Spezielle Relativitätstheorie“ veröffentlicht, aus welcher mehrere wichtige Schlüsse abgeleitet werden können. Ein Effekt ist, dass in einem bewegten Objekt die Zeit langsamer abläuft als in einem dazu ruhenden.

Dieser Effekt, der auch Zeitdilatation genannt wird, ist bei unseren alltäglichen Bewegungen für uns nicht zu spüren. Allerdings konnte er mit Atomuhren an Bord von Flugzeugen und Satelliten nachgewiesen werden. Erst wenn das Objekt sehr schnell ist, d. h. es sich mit wenigstens einigen Prozent der Lichtgeschwindigkeit bewegt, wird der Effekt deutlicher.

Da die Lichtgeschwindigkeit im Vakuum bei 299.792 km/s liegt, ist die Zeitdilatation für Astronauten nicht bedeutend. Sie bewegen sich mit „nur“ rund 7,9 km/s um die Erde. Die höchste Geschwindigkeit, die Menschen bislang erreichten, lag bei 11,02 km/s, als Apollo 10 vom Mond zur Erde zurückflog.

Die Apollo-10-Astronauten Thomas Stafford, John Young und Eugene Cernan sind dadurch auf ihrem achttägigen Flug um den Mond rund 0,5 Millisekunden weniger gealtert als die Menschen auf der Erde.

Je schneller, desto langsamer

Würde ein Raumschiff eines fernen Tages mit der Hälfte der Lichtgeschwindigkeit fliegen können und würde man eine Besatzung für zehn Erdenjahre auf eine Reise in den Weltraum schicken, so wären bei der Landung für die Besatzung nur 8,7 Jahre vergangen. Eine Verlangsamung hätten sie aber an sich selbst nicht beobachtet – für sie wäre die Zeit im Raumschiff ganz normal abgelaufen.

Noch gravierender wird der Effekt der Zeitdilatation, wenn man beispielsweise mit 95 Prozent der Lichtgeschwindigkeit reisen könnte. Wür-

Bei Reisen mit fast Lichtgeschwindigkeit würde auch der Raum um das Raumschiff herum verzerrt erscheinen.

de das Raumschiff nach zehn Jahren Bordzeit wieder auf der Erde landen, dann wären dort schon 32 Jahre vergangen. Wäre vor dem Start eine Astronautin oder ein Astronaut im Alter von 22 Jahren Mutter bzw. Vater geworden, dann wäre das Kind bei der Landung von Mutter / Vater gleich alt wie diese.

Und bei einer Reisegeschwindigkeit von 99,9 Prozent der Lichtgeschwindigkeit wären auf der Erde sogar unglaubliche 223 Jahre vergangen. In diesem Fall lohnt sich für die Astronauten der Abschluss einer kapitalbildenden Lebensversicherung mit Inflationsausgleich – natürlich nur mit Berechnung nach Erdzeit – unter der Voraussetzung, dass es bei der Rückkehr überhaupt noch Versicherungen bzw. Menschen auf der Erde gibt.

Textbeiträge

Dr. Manfred Gaida (mg), Dr. Christian Gritzner (cg), Hermann-Michael Hahn (hmh), Josef Hoell (jh), Henning Krause (hk).
1: hmh; 2, 3: mg; 4: jh; 5, 6: mg; 7, 8: hmh; 9-11: mg; 12; jh; 13, 14: hmh; 15-17: cg; 18: hk; 19: mg; 20-24: hmh; 25: cg; 26: mg; 27: jh; 28: cg; 29: hmh; 30: mg; 31, 32: jh; 33: hmh; 34: mg; 35, 36: cg; 37: hmh; 38: mg; 39: cg; 40: hk; 41: cg; 42-44: hmh; 45-50: cg; 51: hmh; 52: cg; 53, 54: mg; 55: hmh; 56: jh; 57-59: hmh; 60: hk; 61: mg; 62: hmh; 63, 64: jh; 65: hmh; 66: mg; 67, 68: jh; 69: hk; 70-77: jh; 78, 79: mg; 80: cg.

Bildnachweis

2dF Galaxy Redshift Survey: S. 153; DLR: S. 37, 69, 113; Mark Emmerich: S. 135; ESA: S. 101, 105, 147, 157; ESO: S. 35, 119, 127, 163; Martin Gertz/Sternwarte Welzheim: S. 11; Bernd Koch/astrofoto Bildagentur: S. 137; La Sagra Sky Survey: S. 39, International Astronomical Union: S. 75; Archiv Kosmos-Verlag: S. 10, 13, 29, 49, 95, 149; Lunar and Planetary Institute/ Daniel D. Durda: S. 65; Messerschmitt-Bölkow-Blohm: S. 97; NASA: S. 57, 61, 63, 68, 71, 78, 79, 81, 83, 85, 87, 89, 91, 93, 99, 102, 111, 151, 159, 167; NASA/ESA: S. 43, 67, 88, 117, 123, 125, 129, 131, 141, 145, 155 (beide), 161; NASA/JPL/Caltech: S. 15, 26, 165; NOAO: S. 55, 126, 134, 139, 141; Gunther Schulz: S. 9, 45, 51, 53; Stefan Seip: S. 31, 41, 47; Universität Tübingen/Ute Kraus: S. 143; University of Texas/A. Stacy: S. 121; USAF/Joshua Strang: S. 42; Gerhard Weiland: S. 17, 19, 27, 73, 77, 103, 107, 109, 115, 133, 164; Mario Weigand: S. 23, 24 (beide), 33.

Impressum

Umschlaggestaltung von eStudio Calamar unter Verwendung eines Mondfotos von Mario Weigand/www.skytrip.de
Mit 47 Farbfotos, sechs Schwarzweißfotos und 38 Farbzeichnungen

Unser gesamtes lieferbares Programm und viele weitere Informationen zu unseren Büchern, Spielen, Experimentierkästen, DVDs, Autoren und Aktivitäten finden Sie unter **www.kosmos.de**

Gedruckt auf chlorfrei gebleichtem Papier

MIX
Papier aus verantwortungsvollen Quellen
FSC® C084279
FSC www.fsc.org

ISBN: 978-3-440-12795-7
Redaktion: Sven Melchert
Produktion: Ralf Paucke
Printed in Slovakia / Imprimé en Slovaquie